时间编码曝光图像采集与复原理论

李 响 著

科学出版社
北京

内 容 简 介

本书系统地介绍时间编码曝光成像的原理，设计并搭建编码曝光成像系统，深入开展编码曝光图像复原方法的研究。本书共分如下三部分：第一部分从 CCD 成像模型出发，阐述其成像原理，从图像生成的角度，说明一般运动模糊图像复原及其局限，引出编码曝光复原方法；第二部分设计和搭建嵌入式编码曝光成像系统及其使用的曝光码字设计；第三部分阐述编码曝光图像复原问题，建立编码曝光运动模糊图像复原模型，利用仿真合成图像实验和实际采集图像实验证明了本书提出几种方法的可靠性。

本书适合信息与通信工程、计算机科学与技术、控制科学与工程、光学工程等相关专业高年级本科生、研究生以及工程技术人员选用。

图书在版编目（CIP）数据

时间编码曝光图像采集与复原理论 / 李响著. —北京：科学出版社，2023.11
ISBN 978-7-03-076987-9

Ⅰ.①时… Ⅱ.①李… Ⅲ.①图像处理 Ⅳ.①TN911.73

中国国家版本馆 CIP 数据核字（2023）第 219332 号

责任编辑：姜 红 狄源硕 / 责任校对：邹慧卿
责任印制：徐晓晨 / 封面设计：无极书装

科学出版社 出版
北京东黄城根北街 16 号
邮政编码：100717
http://www.sciencep.com
北京凌奇印刷有限责任公司印刷
科学出版社发行 各地新华书店经销
*
2023 年 11 月第 一 版 开本：720×1000 1/16
2024 年 1 月第二次印刷 印张：10 1/4
字数：207 000

定价：89.00 元
（如有印装质量问题，我社负责调换）

前　言

运动图像去模糊是图像处理中的一个重要问题。在以建立数学模型为基础的运动模糊图像复原中，模糊图像可由清晰图像与成像系统模糊核卷积表示，通过反演来复原清晰图像。然而，反演复原问题往往是病态的问题，难以准确复原运动目标图像。

在传统成像模式下，快门的连续打开相当于在频域中的一个低通滤波过程。这个过程将高频信息截断，使得图像的细节信息在采集过程中没有成像，因此后续图像复原难以获得清晰细节。编码曝光成像技术将连续曝光时间分割成若干小的曝光时隙，这些时隙受预置编码控制。由于时隙频率比连续曝光频率高，成像中相当于展宽了频域滤波器的通频带，预置编码的频域幅值远离零点时，就保留了图像更多的频率信息，尤其是高频细节信息。编码曝光成像技术创造性地改善连续曝光模式下运动模糊图像的复原问题，为运动模糊图像复原提供了新思路。

本书主要从图像采集过程的信源保护和采集后的图像后处理两个角度，共同完成图像的清晰复原。目前，单幅编码曝光图像复原方法主要集中在单一方向的目标运动图像，且须外设辅助测量或依据自然图像统计规律辅助进行复原。为了更好地采集编码曝光图像用来复原，本书从编码曝光成像的原理出发，首先研究采集编码曝光成像系统设计，然后根据成像系统原理讨论曝光成像使用各种编码样式曝光的图像复原效果，同时深入开展不同运动模式下的编码曝光图像复原方法研究。本书内容主要体现在以下几方面。

（1）基于编码曝光原理，利用电荷耦合器件（charge coupled device, CCD）图像传感器设计和搭建了嵌入式编码曝光成像系统。该系统利用 CCD 衬底控制技术，依照预置编码实现了多次断续累积光生电荷和一次电荷的转移读出。该方案实现了编码曝光图像采集与电荷驱动传输时间的高度集约，同等条件下获得模糊图像的模糊长度与普通相机一致。在获得存有目标高频信息的编码曝光图像后，利用图像解码将高频信息正确复原。经过实验验证，本书所设计的嵌入式编码曝光成像系统能够保护目标图像的高频信息并可以解决运动模糊图像的高质量复原问题。

（2）在编码曝光中使用不同二进制编码曝光，相当于在频带系统中加入不同的滤波器，导致滤波效果不同、复原过程中缺失信息的恢复能力不同。以早期使用的二进制曝光编码序列设计条件为基础，介绍了低互相关式编码设计原则及其相关适合编码曝光使用的编码序列和码集序列。以多帧图像为基础，利用互补码集完成了编码曝光运动模糊图像的复原实验。

（3）针对目标单一方向运动的编码曝光图像复原问题，提出了基于重建图像相似度和信息熵的联合估计算法。该算法基于良好的复原图像在结构上应与编码图像相似这一事实，采用二者的结构相似度，来确定模糊长度；通过比较该重建解码图像与编码曝光采集图像的结构相似度来确定模糊长度的搜索范围，在该范围内的图像，熵最小者为清晰复原图像，实现了模糊长度的自动估计。仿真合成图像实验和实际采集图像实验表明，基于重建图像相似度和熵的联合估计算法能够较好地估计模糊长度并获得清晰复原图像。

（4）针对编码曝光图像复原方法中复原目标的相对运动方式受限于单一运动方向才能正确复原这一问题，为了适应目标多方向的相对运动，提出了利用编码曝光图像梯度 L_0 正则化方法。相比于普通成像模式，编码曝光成像将模糊图像中连续模糊带有序分割，使模糊图像梯度相对增强。编码曝光图像梯度 L_0 正则化方法既在编码曝光成像中保留了高频信息，又在图像复原中融合了自然图像梯度先验所形成的 L_0 正则化约束，实现了图像的盲恢复。在不同运动情况下的实验结果表明，运用编码曝光图像梯度 L_0 正则化方法获得的复原图像质量高于普通复原方法。

（5）为更好地适应目标任意运动情况下的编码曝光图像复原问题，在以图像梯度 L_0 正则化先验的基础上，将自然图像中的暗通道和亮通道组合成极端先验，利用图像固有特性解决编码曝光运动模糊图像的复原问题。通过仿真合成图像实验和实际采集图像实验的结果表明，基于极端先验的编码曝光复原方法获得的复原图像质量高于普通复原方法，得到了较好的复原结果。

本书相关内容研究得到了中航工业产学研创新基金"飞机发动机柔性装卸系统研制"（2011E11202）、辽宁省教育厅高校基本科研项目"基于编码曝光运动模糊图像中相机的设计及其参数估计改进方法研究"（QL201716）以及大连海洋大学博士科研启动基金"基于编码曝光的水下光学信号采集及成像复原机理研究"（HDBS202103）项目的支持。感谢本人导师大连理工大学孙怡教授在科研工作中给予作者的帮助和支持，感谢同窗及学生帮助完成部分实验。感谢本人的工作单位大连海洋大学对本书出版给予的支持。

由于作者学识有限，书中难免有不足之处，敬请广大读者批评指正。

作　者

2023 年 5 月

目　录

前言

1 绪论 ·· 1

  1.1 信息保护在图像降质与复原过程中的意义及其研究背景 ················· 1

    1.1.1 图像降质产生的原因 ·· 1

    1.1.2 运动模糊图像复原的意义与目前存在的问题 ······················· 2

    1.1.3 编码曝光方法在保护信息中的作用 ·································· 3

  1.2 降质图像复原的国内外相关工作进展 ································· 4

    1.2.1 经典运动模糊图像复原方法 ··· 4

    1.2.2 基于编码曝光成像的运动模糊图像复原方法 ····················· 8

  1.3 时间编码曝光图像采集与复原中主要的科学问题 ············· 12

    1.3.1 时间编码曝光运动模糊图像采集装置的设计 ··················· 12

    1.3.2 时间编码曝光中使用的曝光码字设计 ·························· 13

    1.3.3 时间编码曝光运动模糊图像复原模型的建立 ··················· 13

2 编码曝光成像的基本原理 ·· 15

  2.1 概述 ··· 15

  2.2 相机成像原理 ··· 16

    2.2.1 电荷的生成 ·· 17

    2.2.2 电荷的存储 ·· 18

    2.2.3 电荷的传输 ·· 19

    2.2.4 电荷的输出 ·· 23

  2.3 运动模糊图像的成像机理、数学模型及复原局限 ············· 24

    2.3.1 运动模糊图像的成像机理 ·· 24

    2.3.2 运动模糊成像的数学模型 ·· 28

    2.3.3 降质函数在运动模糊图像复原中的局限 ························ 30

  2.4 编码曝光成像的典型方法 ··· 31

    2.4.1 时间编码曝光成像方法 ·· 31

2.4.2 空间编码曝光成像方法 ································· 32

2.4.3 时空编码曝光成像方法 ································· 34

2.5 时间编码曝光图像复原的数学模型 ····················· 36

2.6 时间编码曝光成像的信噪比分析 ······················· 41

2.7 图像质量评价指数 ····································· 42

2.8 本章小结 ··· 43

3 时间编码曝光图像采集系统设计与实现 ······················· 44

3.1 概述 ··· 44

3.2 时间编码曝光的图像采集方式 ·························· 45

3.3 基于 CCD 图像传感器的时间编码曝光成像原理 ·········· 47

3.3.1 CCD 图像传感器的成像原理 ······················· 47

3.3.2 时间编码曝光成像的时序 ························· 49

3.4 时间编码曝光图像采集系统的实现方案 ·················· 50

3.4.1 时间编码曝光图像的采集方案 ····················· 51

3.4.2 时间编码曝光图像的传输方案 ····················· 54

3.4.3 时间编码曝光相机的总体电路 ····················· 56

3.5 时间编码曝光相机成像实验 ···························· 59

3.6 本章小结 ··· 63

4 图像采集过程中的曝光码字设计 ···························· 64

4.1 概述 ··· 64

4.2 编码的设计原则 ······································· 65

4.3 低互相关编码 ··· 66

4.3.1 勒让德序列 ····································· 68

4.3.2 混合优化序列 ··································· 70

4.3.3 互补码集序列 ··································· 70

4.4 基于互补码集的多幅编码曝光运动模糊图像复原 ·········· 71

4.4.1 多幅编码曝光运动模糊图像采集 ··················· 72

4.4.2 互补码集的设计 ································· 73

4.4.3 多幅含互补码集采集的编码曝光运动模糊图像复原实验 ········ 74

4.5 本章小结 ··· 84

5　基于重建图像相似度与信息熵联合估计的时间编码曝光图像复原方法 ········ 85

　5.1　概述 ··· 85

　5.2　时间编码曝光模式下运动图像降质函数的估计 ····························· 86

　5.3　时间编码曝光复原图像的评价指标 ·· 89

　　5.3.1　解码图像的结构相似度 ·· 89

　　5.3.2　解码图像的熵 ·· 91

　5.4　基于重建图像相似度与信息熵联合估计的时间编码曝光图像复原
　　　　算法 ··· 92

　5.5　基于时间编码曝光成像的模糊长度估计与图像复原实验 ················ 93

　　5.5.1　时间编码曝光合成图像的仿真复原实验 ······························ 94

　　5.5.2　几种时间编码曝光方法的对比实验 ···································· 98

　　5.5.3　基于重建图像相似度与信息熵联合估计的时间编码曝光图像复原实验 ··· 104

　5.6　本章小结 ·· 111

6　基于 L_0 正则化的时间编码曝光图像复原方法 ······························ 112

　6.1　概述 ·· 112

　6.2　时间编码曝光运动模糊图像模型 ·· 113

　6.3　基于 L_0 正则化的时间编码曝光模糊图像的复原算法 ·················· 116

　　6.3.1　图像复原模型 ··· 116

　　6.3.2　图像的更新求解 ··· 117

　　6.3.3　模糊核的求解 ··· 118

　6.4　基于 L_0 正则化的时间编码曝光图像复原实验 ························· 119

　　6.4.1　仿真合成时间编码曝光图像的复原实验 ······························ 119

　　6.4.2　实际采集时间编码曝光图像的复原实验 ······························ 122

　6.5　本章小结 ·· 126

7　基于极端先验的时间编码曝光图像复原方法 ······························· 127

　7.1　概述 ·· 127

　7.2　极端先验条件下的时间编码曝光运动模糊图像建模 ···················· 128

　　7.2.1　时间编码曝光运动模糊图像建模 ······································ 128

　　7.2.2　基于极端先验的时间编码曝光模糊图像复原模型 ···················· 130

　7.3　基于极端先验的时间编码曝光模糊图像复原算法 ······················· 132

　　7.3.1　基于极端通道的图像复原模型 ·· 133

7.3.2　图像的更新求解 ··· 133
7.3.3　模糊核的求解 ··· 135
7.4　基于极端先验的时间编码曝光模糊图像复原实验 ················ 136
7.4.1　仿真合成时间编码曝光模糊图像的复原实验 ·············· 136
7.4.2　实际采集时间编码曝光模糊图像的复原实验 ·············· 141
7.5　本章小结 ·· 145

参考文献 ·· 146

1 绪 论

1.1 信息保护在图像降质与复原过程中的意义及其研究背景

多彩世界被人类眼睛观察后,经大脑分析记录形成美好的记忆。人类感知世界万物,其中80%以上通过视觉获得。视觉在人类认识、理解世界过程中,起着举足轻重的作用[1]。随着数字存储媒介的发展,数码相机、智能手机等消费类电子设备已经成为新兴图像信息获取的主要来源,图像清晰是保障采集信息可靠有效的重要因素之一。

在数码相机、智能手机普及化的今天,图像信息可以随时随地被采集,每一幅采集的图像都包含着目标的特征。当采集图像能够正确反映目标区域的特征时,图像最理想。当采集图像不清晰或采集图像不能反映当时目标区域具体特征,说明有效信息丢失,此时图像产生了降质。如视频监控图像因白天与夜晚光照不同差异较大,航空、遥感图像易受大气的影响,水下成像受到折射等多径干扰等。因此,当图像产生降质时,有效信息会缺失或错误进而严重影响图像质量,如何保护图像的原始信息是前端图像采集、后端计算机图像处理中亟待解决的问题之一。

1.1.1 图像降质产生的原因

图像降质是图像模糊、失真、噪声等的综合表征,其原因是图像的有效信息缺失和无效信息增加。造成图像降质的原因是多方面的,一般图像都会历经采集、成像、传输、保存等过程,每个部分都有可能造成图像降质[2]。在依靠图像为手段的科学研究与技术开发中,人们要求图像清晰可靠,高度还原场景信息。因此,图像复原对于降质图像中的目标重建具有十分重要的价值。

实际应用中,造成图像降质的原因是多方面的,主要可以分为以下几种。

(1)光学系统自身问题引起图像畸变导致图像降质。这种图像畸变指的是目标物体的几何形状、位姿等与空间中实际场景不一致。这种畸变主要是由于透镜失真造成的,虽然这种失真不会对图像信息造成缺失,但这种畸变是造成图像测量、三维重建等研究中一个重要的误差来源。由于这种畸变无法消除,只能通过采用高质量透镜降低畸变,或者通过摄像机标定确定畸变参数进而恢复。单纯从一幅自然图像来讲,即使有效信息没有缺失,图像中若没有相关特征作为参考标定,畸变参数也很难确定,图像中的有效信息也就无法正确表达。

（2）图像采集设备自身因素造成图像降质。如电路固有噪声在图像显示为图像噪声。这种噪声是由采集设备本身原因添加到图像中的，在实际场景中是不存在的。这种图像噪声最明显的特征是随机性，这种随机性导致图像高频分量增加，对以图像特征为研究目标的图像分析、图像识别工作是一个挑战。

（3）目标与相机在图像采集时产生了相对运动。如目标本身的运动、拍摄场景中的相机抖动等因素都会造成图像模糊。这种模糊从成像机理上讲，目标物体的特征点本应成像在某个像元处，由于相对移动却成像在其他像元处。若大量生成的光生电荷都随相对运动而无法在像元中找到唯一对应点，则运动目标的图像就会产生模糊。

（4）图像在信息传输过程中，对信息进行了数据采样、有损压缩、信号调制技术等过程使有效信息丢失，在后续的复原过程中无法恢复，造成图像降质。

当成像系统采集运动目标中存在降质退化问题时，原始目标信息将无法在图像中保存，图像的应用价值会大大降低。因此，通过深入研究，人们希望尽可能多地保存原始运动目标中的有效信息，并进行有效复原。

1.1.2　运动模糊图像复原的意义与目前存在的问题

运动模糊图像的复原是图像复原中的一个重要分支，它的作用是将降质的运动图像恢复到高质量状态，或者在某种意义上使图像质量得到有效改进。图像复原在基于图像退化模型的基础上，利用有效的先验知识，以恢复原始正确信息，是改善图像质量的一种有效措施。该方法的有效实施将给后续的图像目标识别、图像分析及目标追踪提供高质量的图像。

目前，解决或缓解运动模糊图像问题主要有以下方案。

（1）通过减少相机的曝光时间进而减小相对位移产生量，但减少曝光时间造成光通量小，图像整体变暗，信噪比降低，因此这种方法是以牺牲图像信噪比为代价的；同时为了保证光通量，该方法一般在强光照或者存在外部补光设备辅助的环境下进行，如高东东等[3]设计的智能红外与白光混合发光二极管补光系统，配合抓拍车辆违法图像，但曝光参数需要精确确定，以防止图像饱和或补光不足。

（2）利用高速相机采集图像，数据存储量大增，同时成本大大提高。高速相机一般要求传输速度快、存储数据量大，因此需要配备额外的专用存储电路。为了达到上述效果，不得不减小采集图像空间分辨率，即高速相机无法同时满足采集图像过程的高时间分辨率和高空间分辨率的需求。如冯维等[4]提出的自适应高速动态成像中，利用 0.65in（英寸，1in=2.54cm）的数字微镜器件（digital micromirror device，DMD）的帧数可达 247fps（frames per second，帧/秒），但只能采集 8 位灰度图像，故使用高速相机来拍摄快速运动物体的应用范围非常有限。

（3）应用图像复原与重建算法尽量克服图像采集过程中的运动模糊，使图像恢复结果尽可能接近原始图像。图像复原是在图像采集后，利用恰当的图像复原方法恢复重建清晰图像。这些方法大多需要进行迭代算法，如 Kupyn 等[5]利用深度学习方法在图形处理单元（graphics processing unit, GPU）辅助训练下得到去模糊复原图像。然而，在采集图像时若已经损失了一部分信息，则这部分信息无法用图像后处理的方法恢复。

本书从完整保护目标图像信息的目的出发，从成像与图像后处理两个角度同时考虑去除运动目标模糊的方法；利用预编码形式将曝光过程进行调制，将原有高频信息保护在采集图像中，并在后续图像复原过程中将其解码，获得清晰图像。

1.1.3　编码曝光方法在保护信息中的作用

由于图像模糊过程可以看作一个清晰图像与模糊核的卷积过程，其复原与重建过程则是一个模糊图像与模糊核的"解卷积"过程。由于运动模糊图像的模糊核不可逆，因此有一个微小噪声就会对"解卷积"过程造成很大干扰。Campisi 等[6]对上述方法进行了总结，但这类方法只考虑了图像采集后的处理过程，没有考虑在图像采集过程中的信息缺失。由于图像采集时，快门打开的过程在频域中相当于一个低通滤波过程，若运动目标中的高频信息在采集时已经被滤除，在成像过程中没有被保留下来，任何后处理方法都难以恢复。因此上述方法是对采集后图像的复原，当复原方法不理想时，复原图像在原本平滑的区域会产生阶梯状伪边缘，或在边缘区域产生振铃效应。

当目标与相机相对运动时，图像中的边缘、细节特征等高频分量损失严重，造成图像模糊。为了克服图像后处理的局限，希望成像采集中保护更多的高频信息。编码曝光方法就是减少高频信息损失的一种成像方法，该方法是由 Raskar 和 Agrawal 为代表的学者于 2006 年提出，其核心思想是将原有的一次曝光分成若干等间隔时隙，每个时隙是否曝光与预置二进制编码保持一致，而快门将由原来一次曝光中完全打开的状态转变为与二进制编码相对应的多次变化[7]。由于快门按照预设的二进制编码进行开断转换，在频域中相当于将原来的低通滤波过程转变为宽带滤波过程，更多的图像信息在多次曝光中得以保存。若充分减少二进制编码频域中的"零点"，将使编码曝光成像的模糊函数可逆，从而克服普通图像重建中的病态问题。该方法的提出是编码曝光方法研究的开端。

随后以该方法为主，衍生出以像素是否曝光为主的编码曝光方法，为了区分上述控制曝光时间编码序列的方法与控制像素曝光的编码控制方法，将其分别命名为时间编码曝光方法和空间编码曝光方法。而时空编码是结合空间编码和时间编码策略实现像素曝光控制技术，需要采集高动态变化范围内的多帧图像数据或视频信号。

本书以时间编码方式研究为主，故除特指外，所有的研究均基于时间编码曝光技术。

1.2 降质图像复原的国内外相关工作进展

图像去模糊是图像与计算机视觉研究中的一个重要分支。图像复原技术是通过改进图像的质量，以适应人的视觉感官。图像复原的难易程度源于对先验知识的掌握和其他工具辅助测量的利用程度。本节在综述编码曝光成像去模糊的方法之前，首先描述经典运动模糊图像复原方法，因为这些方法也可能适合编码曝光方式成像的模糊图像复原；之后，介绍基于编码曝光成像的运动模糊图像与传统运动模糊图像复原之间的差异，总结编码曝光成像的运动模糊图像复原方法。

1.2.1 经典运动模糊图像复原方法

经典运动模糊图像复原方法主要分为基于被动盲图像复原的图像后处理方法和基于运动参数测量的模糊核估计复原方法。

1. 基于被动盲图像复原的图像后处理方法

利用图像后处理的方法复原图像，其质量高低和难易程度主要体现在对先验知识的掌握程度和正确利用。当退化模型和系统参数设定与实际情况相符时，就可以通过退化模型的先验知识精确地估算模糊核，并以此为依据进行图像复原。

从降质图像复原出清晰图像是一个逆问题。在已知降质模糊核的情况下，利用成像退化模型可以复原清晰图像，这种方法称为非盲图像复原方法，如维纳滤波方法[8]、Richardson-Lucy 去卷积方法[9-10]等。然而，当系统退化模型未知时，则只能利用图像的先验特征约束反演过程，这种未知退化函数的图像去模糊方法称为图像盲复原方法。

由于实际工作中，一般图像降质均为未知情形，无法获得模糊核，因此图像盲复原方法更符合实际情况。但该类方法与非盲复原相比，盲复原的方法更复杂、求解则更困难。一般图像复原时，采用由粗到细的多尺度模糊核估计和图像复原的迭代方法。在初始化时，估计图像和模糊核，不断迭代直到得到高分辨率的重建图像，这种方法既提高了参数的稳定性，又避免了局部极小值的出现。同时，借助自然图像的梯度先验信息和能量最小化约束，来降低图像重建的病态性。

目前有三种主流的图像盲复原方法：①最大边际概率估计（maximum marginal probability estimation）方法；②能量最小化（energy minimization）方法；③压缩感知与深度学习（compressive sensing and deep learning）方法。这些方法大多采

用图像金字塔形式即"coarse to fine"，经模糊核估计多重图像尺度迭代完成。在初始化时，估计图像和模糊核，并将其估计值应用到下一个层级的估计，以得到高分辨率的图像结果，既提高了参数的稳定性，又避免局部极小值的出现。

1）最大边际概率估计方法

理论上讲，模糊核的估计可以从边际估计中获得，但直接求解含有对未知清晰图像的积分是相当困难的。基于运动模糊中出现的问题，Fergus 等[11]利用变分贝叶斯的方法将后验分布近似成清晰图像和模糊核两个相互独立的变量进行计算，使得边际估计有效。

同时，若假设模糊核和更新图像服从高斯分布，这种假设最大化了边缘概率，使模糊核的最优值成为高斯分布的均值，极大地方便了参数估计。基于贝叶斯框架，通过最小化在近似分布和真实后验分布之间的 KL 散度（Kullback-Leibler divergence）[12]获得最优解，并被 Whyte 等[13]推广到处理非一致模型下的去图像模糊中。随后，Levin 等[14]提出了期望最大化（expectation maximization）的方法估计模糊核，但这种方法运算耗时较大[15-16]。

2）能量最小化方法

能量最小化是另一种解决图像运动模糊里程碑式的技术革新，在清晰图像获取方面取得了巨大成功。在以自然图像先验为应用背景的模糊图像中，交替迭代求解模糊核和清晰图像是一种有效手段[17-19]。在解决模糊图像的盲去模糊过程中，学者发现其去模糊的主要难点在于，当只有模糊图像已知时，可以找到若干组模糊核获得相同解。为了破解此问题，利用能量最小化方法，使之迭代能量降至最小，获得唯一解。这里需要设计一个能够测量卷积后图像和模糊图像之差的函数，以及带有各自权重的图像先验和模糊核先验，求解能量最小获得最优解。该类方法避免局部解的一个重要途径是在每个迭代过程中增强边沿，当目标图像发生运动模糊时，会与背景图像混合到一起，如需解决目标提取还需利用边缘提取方法[20-21]或边缘增强方法[18,22-23]等。

Chan 等[24]利用最大后验估计，提出了全变分方法，进而对图像梯度进行约束。Perrone 等[25]进一步证明了全变分方法的有效性，得到了较好的结果。Shan 等[26]设计了符合自然图像梯度分布的拟合方式。Zhang 等[27]将稀疏表示引入该方法，并作用于运动模糊图像估计，而 Cai 等[28]同样利用稀疏表示方法，将其作用于图像和模糊核的同时估计。Levin 等[29]重新审视和评价了该方法的有效性和局限性，即该方法不能很好地区分模糊图像和清晰图像的迭代方向。为了获得精确解，Krishnan 等[30]将稀疏先验归一化，并以此为先验获得较好结果。利用图像的自相似性，Bahat 等[31]解决了不同尺度下自然图像的复原和模糊核估计。同时，亦有将 L_0 梯度先验[17,22,32]、低秩先验[33-35]等作为约束辅助估计模糊核和迭代图像，在文本图像、自然图像的运动模糊图像复原中得到了较好的效果。

近年来，一些学者致力于通过建立数学模型、利用有效的先验信息融入相应的优化方法来解决图像复原重建中容易出现的振铃效应，并加速计算，这些方法包括模糊核估计和图像复原方法，如利用了图像边缘信息[7,36]、样本图像结构估计及匹配[31,37]、图像加权平均[38]、暗通道[39]、判别先验[40]等图像先验信息进行了约束。

3）压缩感知与深度学习方法

随着压缩感知技术和深度学习方法的兴起，图像复原技术也有了新的发展。压缩感知（compressive sensing, CS）[41-42]是能够处理图像复原的一个有效方法。该方法在采集图像时能极大地压缩数据中的冗余信息，仅用少量的采样即可还原原始数据，解决了当信号采样不满足奈奎斯特采样定理时的信号复原问题。该方法以目标信号在某变换域上稀疏特性作为先验信息，用测量矩阵观测被测信号并结合稀疏重建算法重构出完整的被测信号。

一般情况下，自然目标图像为非稀疏的图像信号，然而，这些图像在某些变换域中却可以稀疏地表示，这种稀疏表示可以在特定变换域上进行信号分解，分解后仅存在少量较大的信号系数，而其余大量信号的系数等于或近似为零。上述变换域包括傅里叶变换、离散余弦变换、小波变换及超完备冗余字典[43-45]等。用以观测信号的测量矩阵有高斯随机矩阵[46]、托普利兹矩阵[47]等，这些矩阵需具备有限等距性质（restricted isometry property, RIP）[48]。

信号重构是利用测量矩阵和测量值通过复原算法恢复原始信号的过程，但由于测量向量维数小于原始信号，因此信号重构求解是一个欠定方程组。Donoho[41]提出利用最小化 L_0 模型求解该欠定方程组，同时，也有学者发现最小化 L_1 模型求解可以完全近似于最小化 L_0 模型求解[49-50]，且易于利用线性规划方法实现，如广泛应用的基追踪（basis pursuit, BP）算法[51]、匹配追踪（matching pursuit, MP）算法[52-53]等，也有部分学者提出了基于 L_p 范数（$0 < p \leqslant 1$）的最小化重构算法[54-55]。

稀疏表示方法也可以进行图像复原。该方法主要分为基于全变分（total variation, TV）的正则化方法和基于稀疏字典的图像复原方法。TV 正则化方法是由 Osher 等[56]提出的，其用 Bregman 距离作为迭代的收敛依据，在图像去噪和去模糊中得到了较好效果。Babacan 等[57]提出了基于分层次全变分的图像复原和参数估计方法。Beck 等[58]结合图像梯度，研究了基于 TV 正则化的单调快速迭代复原方法。Cai 等[28]利用 Bregman 距离作为迭代的收敛依据，将模糊核的稀疏性和清晰图像的稀疏性的盲复原作为联合优化问题来消除单幅图像中的运动模糊。由于 TV 模型参数设置需要人工干预，Zhu 等[59]提出了一种基于框架约束的自适应 TV 参数的调整方法进行图像复原。

基于稀疏字典的图像复原方法，在运动图像去模糊方面得到很好的发展。如利用样本图像稀疏性约束实现单帧图像运动模糊图像的复原[27,60]，该方法假设自然图像中的图像样本表示为一个过完备的稀疏字典，并利用这种稀疏性迭代约束重建图像估计模糊核，同时从图像中更新字典，最终利用估计模糊核复原重建图像。Dong 等[61]利用图像样本的数据集中自回归模型，自适应地选择最适合局部图像结构相似性的正则化项，再利用 L_1 范数最小化完成图像复原。李信一等[62]利用冲击滤波从模糊图像中估计图像边缘，多尺度由粗到细的模糊核估计，在复原阶段利用样本图像的稀疏字典学习进行降噪和图像重建，完成了单帧运动盲复原。在此基础上，刘成云等[63]结合了符合人类视觉特性的 Weber 定律进行图像复原，获得较好结果。同时，也有学者将低秩先验结合样本图像的稀疏特性进行设计[35,64-66]，解决图像的盲复原问题。

近年来，深度学习方法也被应用到了运动模糊图像复原中。为了适应盲去模糊，Schuler 等[67]首先利用傅里叶变换进行模糊的正则化反演提取特征，再利用人工模糊图像的大数据集建立神经网络学习估计模糊核实现图像重建。Jian 等[68]利用卷积神经网络（convolutional neural network, CNN）方法预测模糊核后，利用多个局部图像分别估计模糊核，解决了由于图像的非均匀模糊带来的原始目标图像模糊不一致的情况。Nah 等[69]利用多尺度 CNN 图像去模糊，得到了复原图像。Li 等[40]提出了基于数据驱动判别先验的盲图像去模糊方法，为了处理非线性 CNN，该学者利用半二次分裂法和梯度下降法来求解该模型。近年来，学者将混合神经网络（hybrid neural network）[70-71]、递归神经网络（recurrent neural network）[72]、条件对抗网络（conditional adversarial network）[5,73]和生成对抗网络（generative adversarial network）[74]等应用于图像复原。

深度学习方法需要图形处理单元（GPU）辅助和先期数据的大量训练，计算相对耗时。若实际训练数据不足，该方法在一定程度上也会受到限制。

2. 基于运动参数测量的模糊核估计复原方法

图像传感器是决定采集图像质量的一个重要因素。由于传感器的曝光模式不同，运动模糊图像的复原方法往往存在差异。目前，图像传感器主要分为电荷耦合器件（CCD）图像传感器和互补金属氧化物半导体（complementary metal-oxide semiconductor, CMOS）图像传感器。CCD 图像传感器仅有全局快门曝光模式，而 CMOS 图像传感器有全局快门曝光和卷帘快门曝光两种模式。

（1）全局快门曝光是像平面中所有像元同时曝光，因此当采集图像时，产生模糊图像的主要原因是目标物体与相机的相对运动。近年来，在以全局快门曝光的运动模糊图像复原中，有研究学者采用外部传感器进行辅助运动参数估计，如 Ben-Ezra 和 Nayar 设计的混合图像采集系统[75-76]，利用高分辨率相机采集图像，同时结合低分辨率相机采集视频数据辅助获得运动轨迹。这种方式能够辅助估计图像的模糊核，但是这种结构需要对两相机进行预标定。

同时，亦有利用多个相机实现采集图像的去模糊设计，如 Li 等[77]设计了双高分辨率和一低分辨率相机构成图像采集及复原系统，利用超分辨方法实现图像深度复原。另外，也有将其他传感器测量参数引入辅助模糊核估计，如 Joshi 等[78]利用陀螺仪、加速度计估计相机自身的位移、加速度和角度等，并进行联合优化计算进而实现图像复原。也有学者依靠智能便携式手机的惯性传感器记录手机移动轨迹，估计手机采集图像的模糊核[79-80]。Mustaniemi 等[81]利用惯性测量与传统图像特征检测结合，增加了关键点检测，提高了定位精度并实现了三维图像的复原与数据测量。该类方法仅适用于相机自身运动导致的运动模糊，而无法估计由于目标产生移动造成的运动模糊。

（2）卷帘快门曝光模式是 CMOS 图像传感器区别于 CCD 图像传感器的另一曝光模式。这种模式下产生的运动目标模糊图像复原较为复杂，其主要原因是卷帘快门曝光是按照图像像元所在行数，逐行曝光。然而，这种曝光对于不同行数在时间上是有延时的。因此，运动目标的模糊图像复原不仅与相对运动速度等因素有关，还与相对运动方向有关[82-83]。卷帘快门曝光造成的图像降质情况要根据目标物体与卷帘快门的行读出方向确定。当目标的运动方向与图像传感器卷帘快门的行数据读出方向垂直时，生成的图像表现为目标倾斜；而当目标的运动方向与图像传感器卷帘快门的行数据读出方向平行时，生成的图像会表现出拉伸或压缩的现象[84]。这种现象给目标的运动轨迹估计[85-86]、视频合成[87-88]、图像复原[89]及传感器的位姿估计[90-91]等带来一定困难，因此，卷帘快门降质图像复原方法受到一定制约。

综上，图像后处理方法在运动模糊图像复原中占据主流位置，但该方法只对采集后的图像进行复原，且需要大量的后续迭代运算；外部运动参数测量辅助方法需要外部传感器对相对位姿和运动轨迹进行测量，且大部分需要预先标定。相对于这两种方法，编码曝光方法不需要额外设备辅助测量运动参数，在成像采集阶段尽量保留了目标的全部信息，克服了传统运动模糊复原方法难以复原图像细节的局限。

1.2.2　基于编码曝光成像的运动模糊图像复原方法

一般运动模糊是由于在图像采集过程中，相机快门打开，存在着相机和目标物体的相对移动，这样引起了图像平滑、高频信息缺失。目前，在研究运动图像复原中，甚少考虑图像采集过程中频带受限所带来的图像降质问题，由于高频信息截止于采集过程，且损失后不能在后续复原中再生，因此只针对降质图像进行估计复原是不能恢复完整原始信息的。

当成像系统的降质情况未知时，通过对模糊图像本身进行数学建模反演重建本身就是一个不可逆的病态问题[26]。编码曝光方法就是为了使上述问题可逆而提出的一种有效方法。该方法通过控制曝光成像过程，扩展图像采集时的通频带，将更多的高频信息保存在图像中，再经图像复原恢复清晰图像。

与图像后处理复原方法不同，编码曝光方法将高频信息有效采集与保存提前到图像采集过程中。在相机曝光过程中，将全部或部分像元按照预置编码曝光，达到调制入射光的目的。这种方法将相对运动产生的图像高频信息保存在模糊图像中，克服了普通曝光中低通滤波过程导致的高频细节的损失。

编码曝光分为时间编码、空间编码、时空编码三种形式。时间编码是以时间为序的整体曝光模式，依据特定编码将原有的一次曝光拓展为多次曝光，在一次成像中更多地保留原有目标图像的高频信息。空间编码仅利用一次曝光完成图像采集，通过预置编码有选择地控制对应像元参与曝光，最终一次曝光调制生成图像。该方法需要预先设计精密编码孔或需要外部成像装置来控制编码成像。由于空间编码在使用过程中固定不变，因此，难以适应不同频带宽度的图像信号。为了改善上述问题，将时间变化引入空间编码，形成了随时间变化的空间编码，即时空编码。

时空编码是结合空间编码和时间编码优势的编码曝光控制技术，但需要多帧图像数据或视频信号，相比其他两种编码方式其计算复杂；空间编码大多需要额外光学设备支持，且需保障光路传输正确；而时间编码是将曝光过程进行编码量化，通过多次曝光采集单幅图像。相对于其他两种编码方式，时间编码实现更加容易。因此，本书主要针对时间编码方式的编码曝光进行深入研究。

时间编码曝光图像复原是 2006 年由 Raskar 等[7]提出的，目前从事该方向研究的科研机构主要有日本的三菱电子研究实验室（Mitsubishi Electric Research Laboratories）[7,92-94]、韩国先进科学技术研究院（Korea Advanced Institute of Science and Technology）[95-98]、法国的巴黎萨克雷大学（University Paris-Saclay）[99-100]，以及我国的国防科技大学[101-102]、浙江大学[103-104]、杭州电子科技大学[105-106]和大连理工大学[107-109]等。

该方法将普通图像采集时的一次曝光转换为若干时隙的不连续曝光，利用这种曝光模型实现频带展宽，使图像复原问题可逆[7,92-94]。因此，在构造编码曝光的实验过程中，Raskar 等[7]在传统相机上，通过外部连接信号控制铁电液晶快门打开和闭合，这种结构容易引入较大的电子干扰，不适合在实际场合中使用。随后的编码曝光文献中，通过对现有相机改造，控制电子快门完成编码曝光实验，但该模式需要外接快门控制器。如美国 Point Grey 公司出品的 Point Grey Dragonfly[94,110-111]、Point Grey Flea2[112-118]、Point Grey Flea3 GigE[95-98]具备电子快门控制的外部接口。因此，在此后的一段时间内，众多学者均采用该公司的设备进行实验研究。

清晰图像的正确复原取决于预编码对频域信息的保护和模糊长度的正确估

计。在二进制编码设计中，Agrawal 等[92-94]和 Raskar 等[7]定义了最优码字的两条基本准则：最大化频域中最小幅值、最小化频域幅值方差。这个准则使编码在频域中的幅值远离零点，且各个频率分量响应均衡。基于以上准则，Raskar 等[7]和 Agrawal 等[94]先后提出了 52 位和 31 位近似最优编码，完成了单一方向运动模糊下的编码曝光图像重建实验，实现了对模糊核的估计。Jeon 等[95-98]在二进制编码的相关性方面进行了探索，提出了在不同应用条件下的最优时间编码设计方案。通过对编码曝光的去模糊过程研究发现，编码曝光中的二进制编码应符合随机序列码字规律，应具备良好的高自相关性和码字之间的低互相关性，Jeon 等提出了基于修正型勒让德序列（modified Legendre sequence）[95]和基于文化基因算法（memetic algorithm）的混合进化序列[97]分别设计出长、短二进制序列，并根据外界条件选取不同码长。Jeon 等[96,98]利用多组代码之间的低互相关性组成互补码集（complementary sets）实现信息采集过程中的保护。由于每组码字频带均有频率损失，单独使用不能保证频率采集完整。因此为了保证频率保护完全，需要交替使用不同的码字采集多张目标信息。然而，由于互补码集内需要多组码字同时使用，只能适合视频或多帧图像的编码曝光研究。何富斌[108]完成了对称码和互补码的设计及其编码曝光图像复原实验。崔光茫等[105]完成了混合优化序列的适应性研究，同时利用多组矩阵组成 Golay 矩阵组，利用互补理论生成互补的编码曝光序列以捕获多帧图像，并在多帧去模糊中引入全变分（TV）正则化，实现预置编码序列在互补码集的有效应用[119]。叶晓杰等[120]采用 Golay 互补码字设计曝光编码，实现采集图像在频域上的信息互补，进而补偿由于运动模糊所造成的高频信息损失。

为了增加图像的信噪比，可以增加曝光时间，这样在图像传感器中会生成更多的光生电荷。然而，对于运动目标，曝光时间越长，模糊长度越大，反卷积噪声越大，加大了图像复原难度。Agrawal 等[93]以图像的信噪比为研究对象，发现电子快门在转换过程中会伴随电子噪声产生，转换次数与电子噪声正相关，指出应减少编码曝光快门变换次数。McCloskey[112]研究了编码曝光技术采集快速移动物体图像复原时产生的问题，提出了依赖速度测量的最优码字搜索方法，指出编码曝光重建图像质量依赖于二进制编码序列和物体相对移动速度。Tendero[99]研究并指出了目标相对移动速度和最优码字变换之间的函数关系。针对变速运动，McCloskey 等[118]提出随速度变化修改编码曝光时隙的间隔进行加速补偿，使之与加速运动对应，能够解决线性运动中的加速运动情况，但此类方法需要外部传感器参数来辅助测量物体瞬时的移动速度和移动时间。

在编码曝光模糊图像的复原过程中，Raskar 等[7]利用逆滤波的方法获得解码图像，在这些解码图像中，通过人工辅助估计模糊长度，并将之用于单一方向运动的模糊图像复原研究中。随后，学者发现利用人工辅助实现模糊核估计并重建清晰图像的方法限制了编码曝光的发展[110,121]。

由于采集目标图像多为自然图像，可以利用图像的自然频率属性实现图像复原。在频域中，自然图像表现为能量随频率升高而降低，而非平均分布，因此复原后自然图像的功率谱幅频响应特点符合自然图像规律，进而将自然图像统计引入解码图像的复原过程。McCloskey 等[115]利用自然图像统计方法在不同移动参数下进行编码曝光的点扩散函数（point spread function, PSF）估计，进而估计迭代更新图像。通过对迭代的 PSF 值变化量与迭代更新图像的变化量在对数坐标下进行自相关性比较来获得最优模糊长度，进而恢复图像。由于简谐运动、斜抛运动等的局部模糊图像亦可近似为单一方向运动形成的模糊，Ding 等[114]在复原过程中利用局部图像特征，通过自然图像的频域统计属性实现模糊长度的自动估计和图像复原。Huang 等[116]指出自然图像的功率谱幅值中的参数在一定程度上影响了恢复图像质量，转而使用功率谱幅值的拟合数据与恢复数据的残差平方和最小作为判断依据进行图像复原。结合压缩感知，Tsutake 等[122]提出了能够抑制编码曝光复原图像泊松噪声的有效方法。

结合运动参数的辅助测量，Agrawal 等[123]利用多组低帧率编码曝光相机组成相机阵列，在时间上的错位曝光模拟高速成像，建立多幅多角度相机阵列模型共同复原图像，提高了采集效率和视频质量。Tai 等[124]利用投影运动成像模型建立了在编码曝光条件下的图像重建方法，该种方法需要混合相机中的运动参数辅助完成移动路径的确定。同理，为了在图像中自动匹配图像运动轨迹从而获得模糊长度，徐树奎等[125]建立了由高速双目相机和编码曝光相机构成的混合编码曝光相机系统。该系统利用双目相机实现三维目标测量，得到目标的运动参数，之后基于该运动参数实现模糊长度的自动估计，通过逆滤波实现图像复原。然而，由于多相机的使用需要同步算法进行精准控制，同时空间位姿需要精确相机标定保证，同步算法和标定精度严重影响图像的运动轨迹测量，进而对编码曝光图像的恢复造成影响。同时，多相机的使用不可避免地增加了硬件成本。

另外，部分研究者通过采集目标的多帧图像或视频，如 Holloway 等[111]按照预置编码规律抽取特定帧，实现编码曝光图像合成。叶晓杰等[106]采用背景差分法提取兴趣目标，引入 student-t 算法、建立连续多帧采集情况下的模糊核估计及图像复原重建。该类方法是编码曝光的模拟合成过程，而非单幅编码曝光图像采集过程。Kwan 等[126]利用深度学习结合压缩感知技术实现了图像的压缩编码曝光测量。Cui 等[127]利用模拟退火算法实现编码曝光图像复原的辅助局部最优搜索，避免陷入局部优化非最优解的问题，显著减少帧间计算的迭代次数。Shedligeri 等[128]设计了基于深度学习的视频编码曝光重建成像技术，利用深度神经网络学习输入过程中的重构视频编码序列，实现视频序列的清晰化重建。

1.3   时间编码曝光图像采集与复原中主要的科学问题

总结国内外相关工作进展发现，传统的图像后处理技术很难复原采集过程中所损失的信息。本节通过编码曝光技术的自身优势很好地解决了保护目标高频信息的问题，并且初步讨论了编码曝光图像采集与复原技术研究中面临的主要问题。

通过分析相机成像模型和运动目标模糊图像的形成原因，确定编码曝光去运动模糊的基本原理。首先要从相机的成像模型出发，分析运动模糊图像的成像机理和图像降质的主要因素。编码曝光成像技术的发展，将一般运动模糊的病态复原问题转变为一种良性的图像复原问题，为运动目标的模糊图像复原提供了新思路。然而，在目前情况下，将编码曝光技术付诸实践应用仍面临诸多困难。

1.3.1   时间编码曝光运动模糊图像采集装置的设计

根据相机成像模型和目标运动模糊图像的形成原因，能够解释编码曝光去运动模糊的基本原理。因此需首先从相机的成像模型出发，了解运动模糊图像的成像机理，进而从理论上分析产生图像降质的主要因素，才能依据图像模糊的本质得到图像复原的解决方法。

由于运动目标的图像模糊情况未知，因此利用一般曝光运动模糊退化模型复原图像是有局限的。为了解决上述问题，在图像采集阶段设计能够保护图像原始信息的图像采集装置是十分重要的。

目前，由于美国 Point Grey 推出有扩展快门（extended shutter）模式的普通相机，使用时在计算机中下载编码后，经编码曝光采集获得模糊图像。因此，国内外的编码曝光研究一般均基于此类设备开展研究或者通过现有其他普通相机改造以获得编码曝光成像。

这种方式存在其固有缺点：首先，这种方式只适合在实验室进行，不能应用到现实场景；其次，外加电子快门会给相机本身增加电子噪声，造成模糊图像复原困难。因此需要分析采集编码曝光相机所需的降质函数并进行信噪比分析，才能说明编码曝光方法复原图像的质量。

基于 CCD 图像传感器，本书设计了编码曝光成像系统。该成像系统通过多次采集电荷、一次输出电荷的方式，利用衬底信号的控制实现了编码曝光运动目标模糊图像的采集。本书从 CCD 成像模型出发，阐述其成像原理；同时，将多次断续的光生电荷累积、通过一次电荷转移过程完成采集图像的生成；从图像生成的角度，说明一般运动模糊图像复原及其局限，引出编码曝光复原方法。

1.3.2 时间编码曝光中使用的曝光码字设计

编码曝光图像复原技术的核心思想是在相机曝光期间根据预设编码序列，快速地开合相机快门，以保留目标图像中的高频信息。

由于编码曝光在图像采集过程中相当于在一个时间轴上设定了一个目标宽带滤波器，有效地保留了被拍摄场景中的高频细节信息（纹理、边缘等）。然而，不同的编码保护频带能力有所不同，故这种快门开合的转换方式对应的编码设计并非随机设置，而是应有其自身原则。

由于以最大化频域最小幅值和最小化频域幅值方差为准则的编码设计方案已经被广泛接受，但该方法设计的码字最终无法做到频域全覆盖。通过深入研究，学者发现最优码字往往具备覆盖频带比普通码字完备，信息获取完整等特点。该类编码的互相关性较低，故可将码字的低自相关性作为判断码字优劣的标准，故将各种低互相关编码序列的引入编码曝光码字使用，极大地增加了目标信息在采集过程中的目标细节信息的有效保护。

编码曝光方式采集图像的优势在于在图像采集生成阶段对模糊核的控制与估计，这种控制主要体现在快门控制转换中。编码曝光转变了模糊图像中点扩展函数的频率响应，将模糊图像中的连续模糊过程离散化。理想情况下，利用预置二进制编码构造模糊核解卷积模糊图像，即可得到清晰图像。然而，实际过程中，编码曝光中模糊核是由二进制编码和模糊长度共同决定的。当预知二进制编码时，模糊长度的自动估计与确定就是亟待解决的问题。

1.3.3 时间编码曝光运动模糊图像复原模型的建立

编码曝光图像复原需同时考虑采集过程和图像复原过程，增强复原图像质量。针对传统连续曝光方法在图像采集阶段未能充分保存目标信息的问题，研究编码曝光成像方法，尽量展宽成像系统的通频带，保留目标的更多信息，从而利用后续图像复原方法恢复清晰的目标，得到相对较好的复原结果。

当需要采集运动目标的图像时，相机和目标的相对运动会导致图像模糊。传统的曝光采集过程在频域中为一个低通滤波过程，将目标的高频细节信息截止于采集过程，造成目标信息缺失、图像复原效果不佳。

在目前的编码曝光复原过程中，大多以单一相对运动方向为主要研究对象，为了适应多方向相对运动的图像复原，一是在编码曝光复原过程中融入图像先验，辅助完成图像复原；二是利用自然图像规律完成图像复原。

本书利用编码曝光技术进行扩频，将一般运动模糊的病态复原问题转变为一种良性的图像复原问题，为运动目标的模糊图像复原提供了新思路，基本实现了目标细节信息的高质量复原。主要体现在以下几个方面：①针对单一方向的运动模糊图像复原，本书提出了重建图像与编码曝光图像相似度与信息熵的联合估计方法。该方法论述了模糊长度的不同设置直接影响编码曝光复原图像质量。利用采集到的编码曝光图像与不同模糊长度重建图像的结构相似度确定可以作为复原图像的模糊长度选取范围，利用这个范围寻找重建图像中最有序者作为复原图像的模糊长度确定值，进而获得复原图像。通过对仿真合成图像的编码曝光实验和实际采集图像的编码曝光实验进行模糊图像复原，分析给出了实验结果。②针对编码曝光图像复原中对目标物体运动方式的局限，本书利用 L_0 正则化方法解决了任意运动情况下编码曝光模糊图像的复原问题。首先描述了传统编码曝光的局限所在，阐明在该方法下设计的点扩散函数只能解决单一运动方向的编码曝光模糊图像复原问题。利用编码曝光图像边缘特性结合 L_0 图像正则化，解决了非单一方向运动下的编码曝光图像去模糊问题，完成了编码曝光图像的复原实验，进行了复原图像质量评价分析。③根据自然图像规律，本书利用极端先验的方法复原了运动目标的编码曝光模糊图像。利用暗通道及亮通道构成极端先验，并阐明极端先验在自然图像中的特征及作用。利用仿真合成图像和实际采集图像的方法对比上述特征先验在成像过程中的普通曝光和编码曝光复原过程及结果。

2 编码曝光成像的基本原理

2.1 概　述

CCD 图像传感器诞生于 1969 年，是由贝尔实验室的科学家博伊尔和史密斯发明创造的。基于该成就，两位学者于 2006 年获得了电气电子工程师学会（Institute of Electrical and Electronics Engineers, IEEE）颁发的查尔斯·斯塔克·德雷珀奖（Charles Stark Draper Prize）。这个奖项是美国工程界最高奖项并被认为是"工程学界的诺贝尔奖"之一。也正是由于该项成就，2009 年两位学者又获得了由瑞典皇家科学院颁发的诺贝尔物理学奖[129]。

这种新型器件的特性是电荷沿半导体表面传输时，利用外接电压来保存电荷。这种特性可以作为电子记录设备存储信息。随后，科研人员通过试验发现，光照能使这种器件表面产生电荷。1971 年，大量 CCD 器件组成器件阵列，用来捕捉外界光照信息形成光生电荷的图像。目前，CCD 图像传感器已经结合电子技术、计算机技术在测量、控制、光学、检测等多个方向和技术领域取得了丰硕的研究成果。

图像的生成需要经过图像信号的采集、图像成像、图像传输、图像显示与保存等多个复杂的物理过程。在这个过程中的任何环节都会存在图像降质。运动模糊图像是图像降质的一种形式，运动目标图像的降质与目标光路变化导致光生电荷保存位置发生移动有关。因此运动模糊的图像复原可以从图像的成像过程着手解决。但大部分的运动去模糊方法均从采集图像后，进行计算机处理的方法中得到，此时高频信息已经在采集时缺失，部分信息已无法恢复。而传统的研究图像复原方法中，无一例外地利用建立模糊核与清晰图像的卷积构成模糊图像模型进行图像复原。这个过程没有考虑图像采集过程中的高频信息损失，只对目标和相机的相对移动进行建模复原图像。

图像是人类获取信息的有效途径。在利用相机采集图像时，受到成像系统外部干扰或系统内部噪声的影响，造成图像降质。当图像降质时，图像中的有效信息会随之减少。运动目标图像模糊是图像降质的一种具体表现形式，这种降质图像的形成与图像传感器中光生电荷保存位置发生移动有关。因此运动模糊图像的复原可以从图像的成像过程着手解决。

然而，目前的运动目标去模糊大多利用采集图像的后处理方法复原，此时高频信息已经在图像采集时缺失，部分细节信息已无法恢复。由于成像过程没有考虑图像采集过程中的高频信息损失，在图像后处理中只能对目标和相机的相对移动进行建模复原图像。

若希望在复原图像中获得更多图像的有效信息，就需要在运动目标成像过程中尽可能多地保存原始目标的高频信息，因此从图像采集源头就要保护目标有效信息。本章首先从相机成像模型出发，分析运动模糊图像的成像原理，研究相对运动对图像传感器中光生电荷生成的影响，阐述编码曝光对目标图像高频信息的保护作用，深入分析编码曝光对高频信息的保护作用，并通过成像系统信噪比分析，论述了编码曝光成像模式在牺牲较小信噪比的条件下，保留了运动目标图像更多的频谱信息，从而能够从运动模糊图像中复原出清晰的图像。

通过研究一般运动模糊图像降质的复原与重建的局限，引出编码曝光图像去模糊方法原理。本章其余部分的结构安排如下：2.2 节主要介绍相机成像原理；2.3 节阐述运动模糊图像的成像机理，运动目标成像模糊降质的原因；2.4 节论述编码曝光图像去模糊原理和编码曝光典型方法，重点阐述基于时间编码曝光的图像去模糊原理；2.5 节详细阐述时间编码曝光图像复原的数学模型；2.6 节分析时间编码曝光的信噪比；2.7 节介绍复原图像质量评价指数；2.8 节为本章小结。

2.2 相机成像原理

相机是成像设备，一般由光学镜头（组）、图像采集芯片、模数转换电路、数据传输、显示、存储电路构成。成像设备本身是图像成像质量好坏的一个重要因素。一般光学成像系统由镜头或镜头组组成。镜头将真实世界与数字图像世界隔离，并用小孔成像的方式将目标场景的图像倒置显示在传感器的感光面上。而相机内部，光学系统和图像传感器的距离在一定范围内可调，同时应用镜头组保证将焦距投影至图像传感器（焦平面）上。此时，在焦平面上的电荷量为模拟量，经电荷/电压转换为电压量，在经模/数转换为数字电压。但此时电压较小，必须经电压放大环节形成可被处理的数字电压量。再经微处理器将数字图像显示、传输、存储等后续应用。图 2.1 为上述相机成像模型及各部分作用。

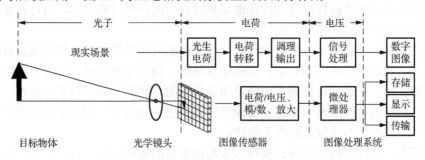

图 2.1 相机成像模型及各部分作用

由于 CCD 图像传感器和 CMOS 图像传感器均可以采集图像，采集原理相似，本节主要以 CCD 图像传感器为例，详细论述电荷的生成、存储、传输、输出等过程。

2.2.1　电荷的生成

CCD 图像传感器是目前被广泛使用的图像传感器，其"光生电荷"是利用金属-氧化物-半导体进行光电转换，将采集到的光信号转化为电信号，进而将捕获目标物体表面光通量转化为数字电荷量。

电荷的生成是以固体半导体的能带理论为基础的，电荷的产生过程即为半导体的光电效应过程，是将外界的光照转化为电荷的过程。

目标场景经过光学成像之后，其影像将被投射到传感器的感光面上。在感光面上有成千上万个像元，每个像元均产生自己的"光生电荷"。这些像元利用自己产生的"光生电荷"组成电荷量表示图像。

单个像元的基本结构如图 2.2 所示，P 型半导体（如硅）做衬底，其表面生成氧化物（如二氧化硅），并蒸镀一层金属再蒸镀上一层金属（如铝）或高掺杂的多晶硅作为栅极 G。若在这个 P 型半导体和金属电极间加上一个正向的偏置电压且衬底接地时，将能够吸引自由电子吸附到氧化层附近。由于 P 型半导体内自由电子是少子，该结构可以看成一个收集自由电子的金属-氧化物-半导体（metal-oxide-semiconductor, MOS）电容器，即势阱。

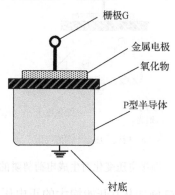

栅极G
金属电极
氧化物
P型半导体
衬底

图 2.2　单个像元的基本结构示意图

若有一束光经透射到这个半导体时，光子穿过透明电极和氧化层，进入该 P 型半导体衬底，当接收到光辐射的能量足够时，衬底中处于价带的电子将吸收光子的能量，跨过导带和价带之间存在的禁带而跃迁进入导带，形成"电子空穴对"，即光生电荷。一旦电子被激发到导带，它离开后所形成的位置（即空穴）就会带一个正电荷，这是参照比对离开的电子所造成的正电空缺所定义的。当没有外加电场时，这样的一对电子和空穴会在一定时间内复合而消失。若此时有外加电场存在，在该电场的驱动下使"光生电荷"移动，并将"光生电荷"保存在这个电场所构成的势阱中。因此，在 CCD 图像传感器中，需要利用一个外加电场在电子和空穴没有发生复合之前，将其收集起来，即电荷的收集，如图 2.3 所示。

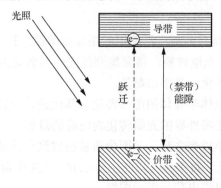

图 2.3　电荷的激发与收集示意图

2.2.2　电荷的存储

当光生电荷生成后，需要及时对电荷进行存储。栅极电压变化对生成电荷势阱的影响，如图 2.4 所示。

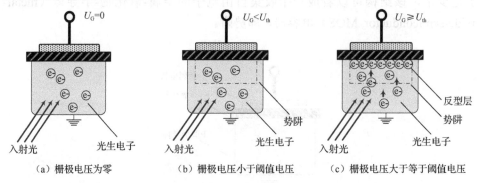

（a）栅极电压为零　　　（b）栅极电压小于阈值电压　　　（c）栅极电压大于等于阈值电压

图 2.4　栅极电压变化对生成电荷势阱的影响

在图 2.4 中，若对栅极 G 施加从 0 开始增大的正电压 U_G，由于开始阶段 $U_G < U_{th}$（U_{th} 为 P 型半导体的开启电压，即该像元的阈值电压），正电压将逐渐排斥 P 型半导体内的多子（空穴），并逐渐吸引少子（自由电子）。当多子和少子浓度相等时，产生耗尽层（空间电荷区）。若逐渐增大 U_G，当 $U_G \geqslant U_{th}$ 时，自由电子将被吸引到氧化层（绝缘体）表面，并形成一层薄薄的由少子组成的反型层（自由电子）。因此，反型层是通过吸附 P 型半导体中的自由电子获得，即外加电压足够大时，可以保存 MOS 管中的光生电子，使之具备电荷存储能力（势阱）。栅极电压 U_G

越大，势阱积累光生电子越多，势阱的"深度"越深。由于自由电子为光生电子，因此，势阱吸附的光电子数目与入射光在该势阱处光照强度成正比。

因此，外部栅极电压 U_G 是维持电荷存储保证势阱深度的主要原因。

2.2.3 电荷的传输

当 CCD 图像传感器感光完毕后，每个像元中都累积了不同程度的电荷（称为电荷包）。但为了接受下一次感光存储电荷包，必须快速地转移刚产生的电荷包以释放存储空间。因此，为了实现电荷的传输与转移，需要有外部电压匹配深浅不一的势阱以供电荷转移，使电荷能够由较浅的势阱（电压较低）按照统一的方向转移到较深的势阱中（电压较高）。因此，电荷包的转移是靠控制像元内的各个相关电极电压实现的[130]。根据电极的数目，可以将 CCD 图像传感器分为二相、三相、四相等。

二相电极 CCD 采用非对称结构实现电荷的定向传输，其有三种形式：第一种是在相邻像元的同一个电极下，利用不同氧化层厚度实现表面电势不同，这样导致形成的势阱深度不同；第二种是设计不规则的氧化层，当外界电压相同时，利用氧化层形状，人为构成深度不同的势阱；第三种是利用势垒外加电荷，使掺杂杂质浓度不同，实现氧化层下的势阱深度不同。这几种结构的特点均是促使电荷单向移动，防止电荷反向移动。

图 2.5 为利用不规则氧化层厚度形成的二相电极 CCD 的结构示意图。图中有两个像元，分别为像元 P 和像元 $P+1$。每个像元有两个电极，分别为 V_1 和 V_2。两个像元对应的 V_1 和 V_2 分别连在一起，当外界有光信号射入半导体后，会生成光生电荷。

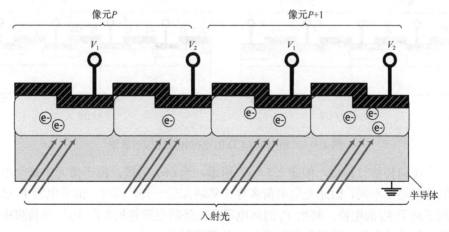

图 2.5 二相电极 CCD 结构示意图

由于氧化层的不规则设计，其表面势阱深度不同。当外界对图 2.5 中的 V_1 和 V_2 施加如图 2.6 的电压时序时，CCD 感光后的电荷转移过程如图 2.7 所示。

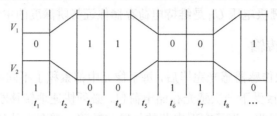

图 2.6　二相电极 CCD 的栅极电压时序图

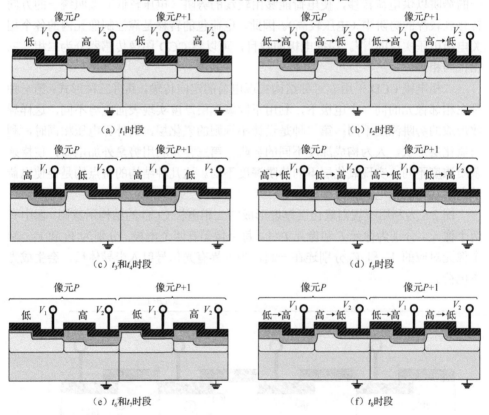

（a）t_1 时段　　　　　　　　　　（b）t_2 时段

（c）t_3 和 t_4 时段　　　　　　　　（d）t_5 时段

（e）t_6 和 t_7 时段　　　　　　　　（f）t_8 时段

图 2.7　二相电极 CCD 的电荷转移过程示意图

在电荷转移过程中，如图 2.7（a）所示，当 $t = t_1$ 时段，由于像元中每个电极中氧化层高低不同，因此光生电荷多存于势阱深的一侧。同时，由于电极 V_2 已经施加了高于 V_1 的电位，利用 V_2 的高电平产生势阱电荷包集中在 V_2 的深势阱中。这样就构成了形如"阶梯"状逐级加深的势阱结构。

在 $t = t_2$ 时段，如图 2.7（b）所示，抬高电极 V_1 电位，并拉低 V_2 的电位，原

本存在像元 P 电极 V_1 势阱中的电荷会逐渐向像元 $P+1$ 中 V_1 势阱移动。由于像元 P 的 V_2 电极势阱左高右低，因此，阻挡了电荷的反向移动。

在 $t=t_3$ 和 t_4 时段，如图 2.7（c）所示，当 V_1 到达高电位时，电荷由像元 P 的 V_2 势阱全都移动到像元 $P+1$ 中的 V_1 势阱中。

在 $t=t_5$ 时段，如图 2.7（d）所示，拉低 V_1 电平、抬高 V_2 电平，将 V_1 势阱保存的电荷逐渐移动到同一像元的 V_2 势阱中，逐渐形成"阶梯"状逐级加深的势阱结构。

在 $t=t_6$ 和 t_7 时段，如图 2.7（e）所示，势阱的形成过程和电荷的转移过程与 $t=t_1$ 时段类似。

在 $t=t_8$ 时段，如图 2.7（f）所示，该时段的势阱形成过程和电荷转移过程与 t_2 时段类似。

三相电极 CCD 结构示意图如图 2.8 所示。该图中有两个像元，每个像元存在三相电极，这两个像元的相对应电极相连到同一个电位上，分别为 V_1、V_2、V_3。像元可以在任意一相电极下产生局部势阱，同时可以在电极电压产生变化时，迅速地移动到电势高（势阱深）的电极下，且电荷损失小。

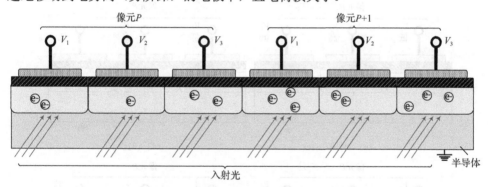

图 2.8　三相电极 CCD 结构示意图

CCD 感光后有外部光照促使光生电荷生成驱动 V_1、V_2、V_3 时序完成的电荷转移，三相电极 CCD 的电荷转移过程如图 2.9 所示。

图 2.9 中，在 $t=t_1$ 时段，当向 V_1 极施加高电平，V_2 和 V_3 为低电平时，利用 V_1 的高电平将产生的势阱电荷包集中在 V_1 所构成的势阱中，而此时 V_2 和 V_3 由于低电平作用保持相对较浅的势阱。

在 $t=t_2$ 时段，保持 V_1 的高电平不变，使 V_2 的电位由低电平逐渐抬高至高电平，原本存在 V_1 势阱中的电荷会逐渐向 V_2 的势阱移动。

在 $t=t_3$ 时段，当 V_2 到高电平时，电荷会均匀分布在 V_1 和 V_2 的产生的势阱中。

在 $t=t_4$ 时段，保持 V_2 的高电平不变，将 V_1 的电位由高电平逐渐压低至低电平，V_1 势阱中的电荷会逐渐减少，并移到 V_2 的势阱中。

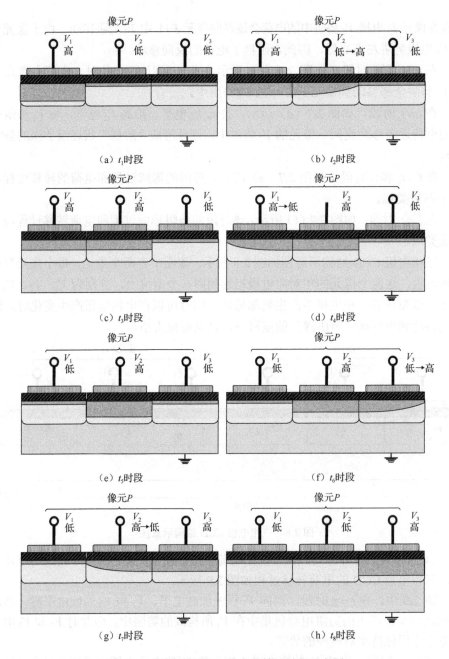

图 2.9　三相电极 CCD 的电荷转移过程示意图

在 $t = t_5$ 时段，由于此时只有 V_2 为高电平，电荷包将脱离 V_1 势阱，转而集中在 V_2 的势阱中保存。

在 $t = t_6 \sim t_8$ 时段，与 $t = t_1 \sim t_3$ 时段中电荷从 V_1 移动到 V_2 势阱的过程类似，

电荷将从 V_2 移动到 V_3 的势阱中。

按照上述时序,由外部光照产生的光生电荷就被势阱电压按照顺序依次传递,如图 2.10 所示。

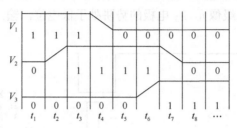

图 2.10　三相电极 CCD 的栅极电压时序图

四相电极 CCD 的电荷移动与三相电极 CCD 的电荷移动类似,这里不再赘述。

2.2.4　电荷的输出

如图 2.11 所示,电荷包在多相电位的驱动下,按照顺序向外输出至末级像元的 V_3 电极势阱中。由于电荷产生量级较小、信号较弱,因此需要利用场效应管组成的放大器进行放大后输出。目前,这种放大器均在芯片内部完成,在满足信号放大输出的同时,能够抑制由于负载容性对信噪比产生的影响。这里电荷包的对外输出过程主要由复位场效应管 (T_1) 和输出场效应管 (T_2) 组成。

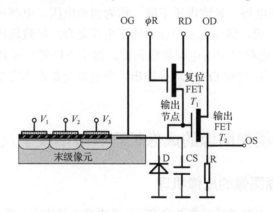

图 2.11　像元的电荷输出电路示意图

FET 为场效应晶体管 (field effect transistor),简称场效应管

复位场效应管 (T_1) 在复位栅极 ϕR 为高电平时导通,若此时复位漏极 RD 为高电平,二极管 D 在外界反偏电压的作用下将电容 CS 充电至 RD 电压值附近,同时会使输出节点电位拉高。由于该位置同时连接输出场效应管 (T_2) 的栅极,在高电压状态下致其导通,使得输出源极电位 OS 被拉高到输出漏极 OD 附近。

此时，输出源极电位 OS 的对外输出的电位为高电平，称为复位电平。当 ϕR 为低电平时，复位场效应管（T_1）截止，复位过程结束。这样原始势阱若存在剩余电荷（负向电位），可以通过复位场效应管（T_1）进行清除，避免前后两个电荷包叠加。

在复位过程中末级像元 V_3 电极的势阱处于低电位，输出电压时序如图 2.12 所示。

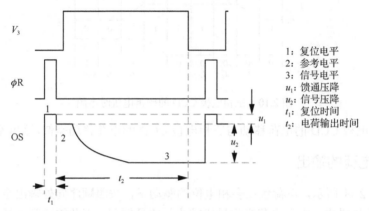

1：复位电平
2：参考电平
3：信号电平
u_1：馈通压降
u_2：信号压降
t_1：复位时间
t_2：电荷输出时间

图 2.12　电极输出电压时序的示意图

电荷的输出过程在复位过程结束后开始。此时，复位场效应管（T_1）截止，电荷包将直接送到输出节点（OG）。但即使复位场效应管（T_1）截止，漏电流的存在将损失一部分电势，导致电压下降，称为馈通电压。电荷包由负电荷组成，到达输出节点 OG 后，将与 CS 中存储的正电荷复合，导致输出节点电位降低。CS 下降的电量与电荷包中的电荷量成正比。这个下降的电量通过输出场效应管（T_2）反映到输出源极电位 OS 上对外输出。当电荷全部输出完毕后，准备执行下一次电荷的输出。

2.3　运动模糊图像的成像机理、数学模型及复原局限

2.3.1　运动模糊图像的成像机理

图像传感器的成像原理如图 2.13 所示。该成像面是由大量像元整齐排列组成，每个像元的感光管是一个 MOS 管。以一个 MOS 管为基础构成的光生电荷单元称为一个光敏单元或一个像素单元，简称像元。

当光照射到图像传感器的成像面时，受到光照的像元就会产生光生电荷，电荷量的大小主要由入射光的光通量决定，代表了像元像素值的大小。由于各种外在因素导致探测器噪声不可避免，因此在一个确定的图像传感器中，一个像元的像素值大小不仅与光生电荷数量有关，还与探测器噪声有关。

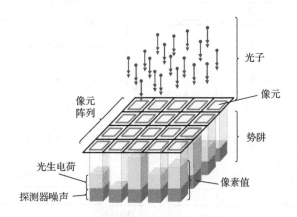

图 2.13　图像传感器的成像原理

　　通常一个图像传感器是由阵列形式整齐排布的成千上万个像素单元组成。这些像素单元中能够产生光生电荷的数量相互独立。一个像元受光辐射能够感知外界光线变化，将光通量转化为电压量，通过数字化保存形成数字电压。即当有光照射在像元阵列上时，这些像元阵列产生的光生电荷就会形成一幅与光照强度成比例的灰度或彩色图像。产生的光生电荷能否保存主要靠光敏单元的栅极控制[131-132]。栅极电压也称势阱电压或势阱深度，与可存储的电荷量成正比，是保存光生电荷数量的一个重要指标。

　　本章主要以 CCD 图像传感器为例进行研究，阐述传感器分类并说明图像的成像过程。CCD 图像传感器分为线阵 CCD 图像传感器和面阵 CCD 图像传感器。线阵 CCD 图像传感器是将感光像元以"排或列"的形式紧密排放。当采集图像时，需要与被测目标进行定向定量的相对移动，线阵匀速扫过被测目标形成图像。该传感器被广泛应用于复印、扫描等非接触测量场景。面阵 CCD 图像传感器是将感光像元按照阵列的形式整齐排布，当采集图像时，所有像元同时曝光，并将采集信号经后续电路传递和处理成所需要的形式。面阵 CCD 图像传感器一般可分为行间转移式、帧间转移式和帧行间转移式三种形式。

　　图 2.14 以行间转移式 CCD 图像传感器为例，说明图像产生过程。

　　当有外部光照时，传感器将产生的光生电荷存于势阱之中。电荷生成后需要及时向外输出，以留出势阱空间存储后续生成的电荷。为了驱动电荷向外输出，使用两个移位寄存器控制信号，分别为垂直同步脉冲信号（vertical synchronous pulse digital signal, VD）和水平同步脉冲信号（horizontal synchronous pulse digital signal, HD）。VD 的控制电荷顺着垂直移位寄存器向水平移位寄存器移动，而 HD 的控制一行到达水平移位寄存器的电荷顺序输出。

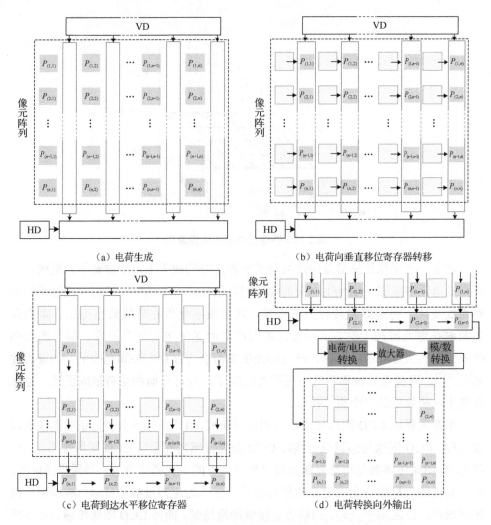

（a）电荷生成　　　　　　　　（b）电荷向垂直移位寄存器转移

（c）电荷到达水平移位寄存器　　　　（d）电荷转换向外输出

图 2.14　行间转移式 CCD 图像传感器的工作方式示意图

图 2.14 中，每个像元产生光生电荷量用 $P(x,y)$ 表示，其中 (x,y) 表示所在像平面中像元的坐标。图 2.14（a）表示了 CCD 接受光线的照射后产生了光生电荷，当有合适的势阱深度时，电荷大小与所在像元位置接收到的光通量成正比，并能够完整保存。电荷生成后，将被移动至垂直移位寄存器，如图 2.14（b）所示。垂直移位寄存器的数量由像元阵列的列数决定，每个 VD 来临都会促使所有电荷整体向水平移位寄存器移动一个像元，如图 2.14（c）所示，同时，最末行信号会到达水平移位寄存器。在下个 VD 到达前，如图 2.14（d）所示，HD 会将所有收到的信号向外输出以腾空水平寄存器，但是这些电荷由于电荷量太低，不足以被检测和显示，必须经电荷/电压转换、电压放大、模/数转换后保存。

采集图像时，目标与相机的相对运动是造成图像降质的一个重要原因。现以目标的单方向运动为例，说明目标运动对成像造成的影响，如图 2.15 所示。图 2.15（a）中，(X,Y,Z) 为空间坐标系，静止目标在成像面 (x,y) 上的投影特征点为 A，其成像与光的光照辐射强度有关为 $P_s(x,y)$。图 2.15（b）中，(X,Y,Z) 为空间坐标系，由于目标运动，其在成像面 (x,y) 上的投影特征点不唯一，即采集时刻为 A，而完成采集时刻为 B；其两点的光的光照辐射强度也同时与时间有关，即 A 点的光照辐射强度为 $P_t(x,y,t)$，B 点的光照辐射强度为 $P_t(x',y',t')$，A 点至 B 点的模糊路径定义为模糊长度。

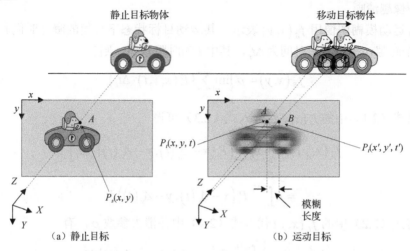

图 2.15　静止目标和运动目标分别在像平面采集图像示意图

如图 2.15（a）所示，静止目标成像时，目标中某一点在成像面上的感光像元位置唯一，如点 A 所示。然而，当目标与相机产生相对运动时，如图 2.15（b）所示，在像平面上无法找到如图 2.15（a）中的唯一对应点，目标点会随着移动在像平面的若干像元中累积电荷，使本应产生在坐标 A 处的光生电荷，被生成到像平面中从点 A 到点 B 的运动路径所到达的像元中。若大量的目标点均在若干像元中累积电荷，采集的图像将产生运动模糊。

令从点 A 到点 B 的运动路径中，目标在 x 和 y 两方向上随时间变化的位移为 $\Delta_x(t)$ 和 $\Delta_y(t)$。若像平面中任一点光照辐射强度保持不变，目标相对运动与目标相对静止时采集的图像之间有如下关系：

$$P_t(x,y,t) = P_s\left(x - \Delta_x(t), y - \Delta_y(t)\right) \tag{2.1}$$

根据 CCD 相机的成像机理，成像平面中任一点的灰度值与该点受到的光照强度在一定曝光时间内积分成正比。因此，若目标与相机相对静止，相对于时间 t，$P_s(x,y)$ 为常量，采集图像的灰度可表示为

$$f_L(x,y) = \rho \int_{t_0}^{t_0+t_e} P_s(x,y)\mathrm{d}t = t_e \rho P_s(x,y) \tag{2.2}$$

式中，ρ 为 CCD 相机的光电转换系数；t_0 为采集图像时相机快门打开的时刻；t_e 为采集静态目标图像 $f_L(x,y)$ 时快门打开所持续的时间，即静止目标采集下的曝光时间。

运动目标的图像模糊是由于在曝光时间内目标与相机产生了相对位移，若将曝光时间无限细分成若干小时隙，则运动模糊图像中各个点像素值可以表示为该目标位于各个时隙中瞬态成像的叠加值。其中，时隙时间越短，相对移动越小，目标图像越清晰。

若运动模糊图像用 $f_B(x,y)$ 表示，其运动目标状态下采集的曝光时间 t_b 被分成 M 个时隙，每个时隙时间为 Δt_i，其中 i 为时隙顺序，则有

$$f_B(x,y) = \rho \lim_{\substack{\Delta t_i \to 0 \\ M \to \infty}} \sum_{i=1}^{M} \left(P_i(x,y,t) \cdot \Delta t_i \right) \tag{2.3}$$

将式（2.1）中的 $P_t(x,y,t)$ 代入式（2.3）可得

$$f_B(x,y) = \rho \lim_{\substack{\Delta t_i \to 0 \\ M \to \infty}} \sum_{i=1}^{M} \left(P_s\left(x - \Delta_x(t), y - \Delta_y(t)\right) \cdot \Delta t_i \right)$$

$$= \rho \int_{t_0}^{t_0+t_b} P_s\left(x - \Delta_x(t), y - \Delta_y(t)\right)\mathrm{d}t \tag{2.4}$$

将式（2.2）中的 $f_L(x,y)$ 代入式（2.4）中并消去参数 ρ，有

$$f_B(x,y) = \frac{1}{t_e} \int_{t_0}^{t_0+t_b} f_L\left(x - \Delta_x(t), y - \Delta_y(t)\right)\mathrm{d}t \tag{2.5}$$

式（2.5）表示了静止目标的清晰图像及运动目标的模糊图像之间的数学关系，并揭示了一般运动模糊图像的成像机理。

若运动模糊图像 $f_B(x,y)$ 的曝光时间 t_b 被平均分成 M 个时隙，每个时隙时间为 $\Delta t = t_b / M$，由积分的分段可加性可知，式（2.5）可表示成

$$f_B(x,y) = \frac{1}{t_e}\left[\int_{t_0}^{t_0+\Delta t} f_L \mathrm{d}t + \int_{t_0+\Delta t}^{t_0+2\Delta t} f_L \mathrm{d}t + \cdots + \int_{t_0+(M-1)\Delta t}^{t_0+t_b} f_L \mathrm{d}t \right] \tag{2.6}$$

式中，f_L 为 $f_L\left(x - \Delta_x(t), y - \Delta_y(t)\right)$ 的缩写形式。若在式（2.6）中，选择性终止某个时隙 Δt 下的图像曝光，即该时隙 Δt 下图像 $f_L = 0$，而其他时隙正常采集图像 f_L。这就是时间编码曝光成像的基础。

2.3.2   运动模糊成像的数学模型

一般运动模糊是图像采集过程中存在相机和目标物体的相对移动，致使图像平滑、高频信息缺失。这个过程相当于清晰图像 L 经历一个退化模型 $g(L)$，在系

统噪声 η 的叠加下获得模糊图像 B ，可以表示为

$$B = g(L) + \eta \tag{2.7}$$

式中，B 为模糊图像；L 为清晰图像；$g(L)$ 为成像过程中的退化函数；η 为系统噪声。成像过程中，用一个降质函数 $K(x,y)$ 替换退化函数 $g(L)$ 。

运动模糊过程可用降质函数 $K(x,y)$ 表示，被称为模糊核或者点扩散函数（PSF）。若在成像过程中假设退化过程是空间不变的，则图像成像过程中的退化模型如图 2.16 所示。

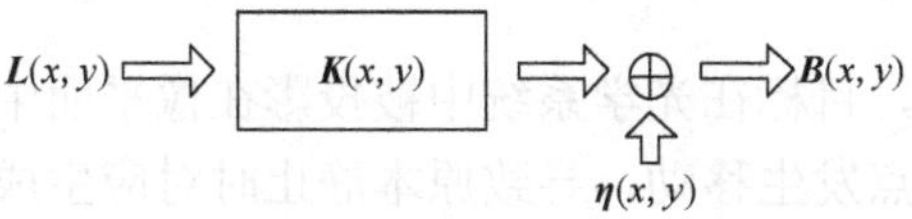

$$L(x,y) \Rightarrow \boxed{K(x,y)} \Rightarrow \oplus \Rightarrow B(x,y)$$
$$\Uparrow$$
$$\eta(x,y)$$

图 2.16　图像成像过程中的退化模型

图像的降质过程可以认为是将降质函数 $K(x,y)$ 作用在清晰图像 $L(x,y)$ 中，并叠加上噪声 $\eta(x,y)$ 构成，最终生成模糊图像 $B(x,y)$ 。这个图像降质过程可以在空间域表述为

$$B(x,y) = L(x,y) * K(x,y) + \eta(x,y) \tag{2.8}$$

式中，$*$ 表示卷积过程运算操作符。这个图像降质过程可以理解为一个正问题，而从降质图像复原出清晰图像就是一个逆问题。

图像复原就是已知降质模糊图像 $B(x,y)$ 的情况下，利用有效的降质函数 $K(x,y)$ 复原出清晰图像 $L(x,y)$ 。与式（2.8）对应，图像退化卷积模型利用卷积模型表示的退化过程如图 2.17 所示。

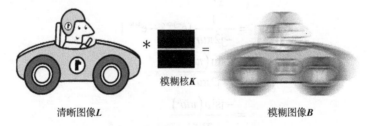

清晰图像L　　模糊核K　　模糊图像B

图 2.17　卷积模型表示的图像退化

一般地，式（2.8）可以简化成

$$B = L * K + \eta \tag{2.9}$$

若不考虑噪声 η 影响，运动图像模糊过程的频域表达式可表示为

$$\mathcal{F}_B = \mathcal{F}_L \cdot \mathcal{F}_K \tag{2.10}$$

式中，$\mathcal{F}$ 为各参量的傅里叶变换。

若 $\mathcal{F}_K$ 已知，即可在复原过程中，利用

$$\mathcal{F}_L = \mathcal{F}_B \, / \, \mathcal{F}_K \tag{2.11}$$

获得 $\mathcal{F}_L$ 后，经傅里叶反变换，得到复原清晰图像 L。

2.3.3 降质函数在运动模糊图像复原中的局限

一个光学系统中，点扩散函数是当输入目标为一个点光源时，经过该光学系统后输出的扩展光斑。它是成像系统光学传递函数的空域形式，其估计的准确性影响着图像复原的质量。在图像处理中，点扩散函数常被称为降质函数或模糊函数。

运动模糊产生时，目标在光学系统中被投影在像平面中，其像素点在不同时刻对应目标物体上的点发生移动，导致原本静止时对应生成一个坐标点的像素值被平均分配到路径中的所有像素中。这种现象造成了图像运动模糊，并产生相应的模糊长度，如图 2.15（b）所示。假设曝光时间内，像平面中目标图像点从点 $A(0,0)$ 移动了 r 个像素至点 $B(r,0)$，其点扩散函数为

$$K(x,y) = \frac{1}{r}, \quad 0 \leqslant x < r, y = 0 \tag{2.12}$$

式中，r 为图像的模糊长度，目标点移动路径所覆盖的像素范围为 (x,y) 的范围。由于目标做水平方向运动，其投影到像平面内水平方向移动像素为 r，垂直方向移动像素为 0，则点扩散函数 $K(x,y)$ 的傅里叶变换为

$$
\begin{aligned}
\mathcal{F}_K(u,v) &= \int_{-\infty}^{+\infty}\int_{-\infty}^{+\infty} K(x,y)\mathrm{e}^{-\mathrm{j}2\pi(ux+vy)}\mathrm{d}x\mathrm{d}y \\
&= \int_{-\frac{r}{2}}^{\frac{r}{2}} \frac{1}{r}\mathrm{e}^{-\mathrm{j}2\pi ux}\mathrm{d}x \\
&= \frac{1}{-\mathrm{j}2\pi ur}[\mathrm{e}^{-\mathrm{j}\pi ur} - \mathrm{e}^{\mathrm{j}\pi ur}] \\
&= \frac{2\sin(\pi ur)}{\mathrm{j}2\pi ur} \\
&= \frac{-\mathrm{j}\sin(\pi ur)}{\pi ur}
\end{aligned}
\tag{2.13}
$$

式中，u,v 是 $K(x,y)$ 的频域变量，$\mathcal{F}_K(u,v)$ 的幅值则为

$$\left|\mathcal{F}_K(u,v)\right| = \left|\frac{\sin(\pi ur)}{\pi ur}\right| \tag{2.14}$$

式（2.14）中，除 $u=0$ 外，每间隔 $u=1/r$ 就会出现 1 个 $\mathcal{F}_K(u,v)$ 的频域幅值零点。

由于目标做的是单一方向运动，若 $\mathcal{F}_K$ 中不包含零点以及不考虑噪声情况时，利用式（2.11）解卷积过程即可求解。但是，从一般运动模糊图像情况可以发现，

$\mathcal{F}_K$ 的幅值包含零点的情况时有发生，易产生振铃效应。

另外，$\mathcal{F}_K(u,v)$ 的幅值会随着频率提升而降低，这相当于低通滤波过程。低通滤波过程会造成成像的带宽受限，因此在高频处频率将被截断，使图像高频信息缺失。

因此，利用解卷积方法复原运动目标图像可能是一个病态的逆问题，会产生歧义的重建图像。

2.4 编码曝光成像的典型方法

编码曝光成像技术创造性地将一般运动模糊的病态复原问题转变为一种良性的图像复原问题，为运动目标的模糊图像复原提供了新思路。这种方法的本质是用时空编码控制曝光成像。相比于普通成像模式，它能在图像采集中保留更多的信息，尤其是表达图像细节的高频信息。在图像复原过程中，以自然图像准则、统计特性等为依据，综合选择目标背景分离法[133]、投影路径法[110]、光流法[134]、字典学习法[135]、稀疏表示法[136]等图像处理方法将图像高频信息复原，得到高质量清晰图像。

目前，通过调制入射光的编码曝光技术主要有以下三种方法：时间编码[7,92,94,137]、空间编码[138-141]和时空编码[135-136,142-146]。

2.4.1 时间编码曝光成像方法

在图像传感器成像过程中，普通成像方式是控制相机快门一次打开曝光成像。快门打开时间，即曝光时间，决定了成像的空间分辨能力。根据信号的时频关系，曝光时间越长、频域带宽越窄，导致运动目标图像中保留的高频分量越少、成像越模糊。

为了减少图像采集过程中频带受限问题，Agrawal 等[92-94]和 Raskar 等[7]提出通过调制技术，依据特定编码将一次曝光拓展为多次曝光的模式，形成了时间编码曝光方法。该方法将曝光时间分成若干个编码时隙，使其频域传递函数变为宽带滤波器，在成像中保留原有目标的高频信息。

图 2.18 为 Agrawal 等[92]使用的目标图像建立的普通曝光成像和编码曝光成像对比。其中，图（a）为目标物体的清晰图像；图（b）为一般传统相机采集运动目标图像及相机的快门状态，在采集过程中，相机快门始终打开，伴随着目标的运动，造成图像模糊，这种模糊是连续不间断的；图（c）为编码相机采集同一运动目标获得的模糊图像，这个图像的模糊是间断的，成像中快门的打开和关闭转换与预设编码一致。在后续图像复原中，通过预设的编码消除运动造成的频率损失，利用解卷积复原目标原始图像。

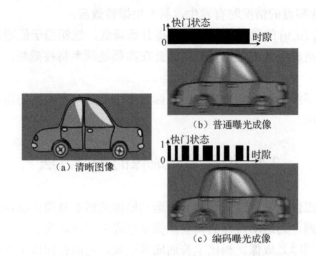

图 2.18　普通曝光成像和编码曝光成像对比

　　该方法采取图像整体曝光方式，利用快门控制技术形成了对入射光的整体调制，所有像元在快门控制下同时变换打开和关闭状态。利用相机快门在曝光时间内的快速转换，Agrawal 等[92]成功地解决了单一方向运动目标图像的模糊问题。这种编码曝光方法相当于对运动目标成像模糊核进行时间抽样，在编码码字设计上控制其频域幅值远离零点，从而保存更多的图像信息，由后续的图像去模糊算法复原图像。

2.4.2　空间编码曝光成像方法

　　空间编码仅利用一次曝光完成图像采集，通过预置编码有选择地控制对应像元参与曝光，最终一次曝光调制生成图像。Veeraraghavan 等[138]使用的空间编码码字及其在相机中的使用位置如图 2.19 所示，编码为"1"的对应像元可以透过光线曝光，编码为"0"的对应像元的光线被遮挡而不能曝光，该项研究将这种选择性阻挡光路中光线传输的图像编码方式称之为"斑纹摄影"（dappled photography），更换调制编码只需通过替换编码孔片来实现。

　　空间编码的实现方式是将预先设计的调制孔片安装在入射光路中，通过一次曝光完成图像采集。编码孔片选择 CCD 感光芯片上的一部分像素曝光，相当于在入射光路中人为地加入了一个可选择的"遮光罩"。Nagahara 等[142]提出的多种编码孔图案，其白色部分可以透光，黑色部分将阻挡光线达到图像传感器，如图 2.20 所示。

编码孔片

图 2.19　空间编码码字及其在相机中的使用位置

图 2.20　几种空间编码图案

Zhou 等[139]通过编码孔片技术复原散焦图像，提出了基于散焦图像复原的编码孔片设计准则。Zhou 等[139]利用遗传算法和梯度下降法设计每组两片的"编码孔片对"，其目的是实现目标场景信息保护的互补，该方法不仅能够利用离焦深度（depth from defocus, DfD）方法估计图像深度信息，而且能够获得高质量清晰图像。同样利用 DfD 方法，将编码孔片安装于投影仪和摄像机，Horita 等[140]实现了模糊图像中的目标物体三维信息的鲁棒测量。

此类方法中，如需要更换调制码字就需要更换编码孔片。从捕获目标特征的角度来看，编码孔模式应该与场景特征相匹配适应，因此需要针对不同需求设计编码孔片。由于该孔片安装位置的正确与否决定了调制图像质量，屡次更换后，安装编码孔片的位置可能会产生偏差。为了解决此类问题，学者引入了精密成像控制单元，可以随时控制编码的变化，产生了时空编码曝光成像方法。

2.4.3   时空编码曝光成像方法

时空编码曝光成像方法是借助空间编码曝光成像方法发展而来的，其设备与空间编码曝光成像方法相同。由于用空间编码曝光成像方法采集图像时，使用的编码是唯一不变的，这就使采集过程中能够保护目标频率的范围受限。若更换编码，需要在停止采集图像时进行，这就限制了空间编码曝光成像方法的发展。

时空编码曝光成像方法继承了空间编码曝光成像方法的优势，同时将时间作为控制编码的因素加入进来，即时空编码可以根据时间和空间分别设置。这种以时间为序自动更换空间编码的方式能够采集和保护更多原始目标信息。该编码方式需要利用多帧图像或视频数据才能进行数据复原。利用视频前后帧较强的相关性及预置编码的互补性，使采集图像中保护的频带更完备，时空编码曝光的码字示意图如图 2.21 所示。

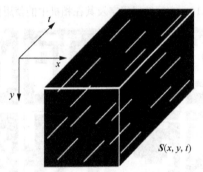

图 2.21   时空编码曝光的码字示意图

在设定空间编码时，编码曝光码字可以用 $S(x,y,t)$ 表示。该函数取值为 $S(x,y,t)=0$ 或 1，分别表示不曝光和曝光。采集视频数据时，由于编码已经在不同空间 (x,y) 及不同时间 t 下预置，采集后的视频数据为具有预置编码的时空编码数据。

如目前研究中使用较多的两种器件，硅基液晶显示器（liquid crystal on silicon, LCoS）[134,142]和数字微镜器件（DMD）[141,145-146]。在每个成像时刻，通过调整两种器件来控制入射光线，实现图像调制。该类方法需要对系统进行标定保证光路准确，同时由于是像素级调制（pixel-level modulation），这里用高清相机以配合每个像素的高动态范围成像（high dynamic range imaging, HDR）。

图 2.22 为 Nagahara 等[142]提出的 LCoS 相机结构及时空编码分光原理图。编码孔片安装在主透镜光路中并将调制图像成像在虚拟图像平面。通过中继透镜将调制后的入射光投射至偏振光分光器，后分光送至 LCoS。LCoS 可以改变被每个像素反射光线的偏振方向，相当于对成像过程二次调制。通过调整 LCoS 实现成

像过程的编码成像，这个过程取代了编码孔片的更换，从而克服频繁替换编码孔片可能导致的位置偏差。随后，调制光线再次经偏振光分光镜后，投射至图像传感器。

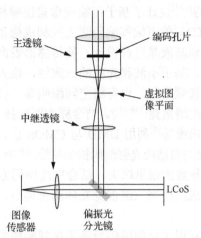

图 2.22　LCoS 相机结构及时空编码分光原理图

DMD 是由多个高速数字式反射镜面构成的镜面阵列，这些反射镜面可以由各自的开关分别控制是否打开，其中每个反射镜片对应一个像素，若该反射镜面打开，则镜面反光，否则不反光。基于此，Feng 等[145-146]利用 DMD 的镜面阵列翻转作用实现编码孔片调制成像，如图 2.23 所示。目标物体的光线经透镜 2 将其投入 DMD 表面。DMD 按照空间编码设置，使得入射到其表面的图像部分反射、部分遮挡而被调制，后经透镜 1 到达 CCD 图像传感器。这种经过调制后被 CCD 接收到的图像即为空间编码图像。

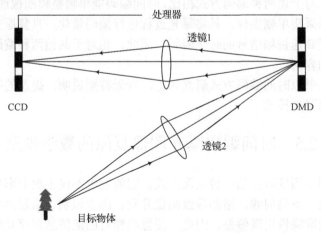

图 2.23　利用 DMD 实现的时空编码图像采集原理图

Gupta 等[147]提出了空间分辨率和时间分辨率折中的策略实现像素曝光控制。通过对采集的视频进行空间、时间重新分配,对运动目标采取降低图像的空间分辨率来提高时间分辨率,而对图像中的静止区域采用提高空间分辨率、降低时间分辨率来实现。Reddy 等[134]设计了基于可编程像素压缩相机(programmable pixel compressive camera, P2C2)的可编程编码曝光控制成像系统,采集高速运动目标的视频。这种相机利用硅基液晶进行设计,使传感器表面上每个像元受到独立控制,实现空间编码曝光。基于小波和光流的一致性,该方法建立了稀疏表达下的凸优化模型,重建清晰视频信号。也有将空间编码曝光技术和光流信息实现超低分辨率视频的运动目标高清重建[148-149]。结合样本匹配技术,Bi 等[150]实现了运动目标图像的清晰重建。冯维等[4]利用 DMD 与 CMOS 进行像素匹配与映射,提出基于 DMD 空间编码曝光与自适应光强编码控制算法,解决了目标图像表面局部过度曝光造成的图像饱和而导致的信息缺失。结合空间编码方法,Sarhangnejad 等[151]通过投影仪和摄像机组成结构光三维视觉立体测量模型,获得了目标三维立体深度及其表面重建。

时空编码的实现是利用了空间编码设备采集视频图像,建立了包含时间、空间信息的采样函数采集编码图像或视频。结合引入压缩感知[111,134,143-144,150,152]、数据训练学习字典[103,135-136]等进行训练学习得到高分辨率图像,使得模糊情况得到改善。时空编码需要训练数据获得完整的字典,因此大多需要高速相机采集视频数据或多帧图像数据进行计算。

上述三种编码曝光方法对比而言,时空编码是综合利用空间编码和时间编码实现的像素曝光控制技术,需要采集高动态变化范围内的多帧图像数据或视频信号,计算比空间编码和时间编码复杂。空间编码大多需要额外设备支持,同时需要外部的光学标定保障光路传输正确,因此空间编码不适合移动及便携式采集图像的需求[111]。与上述两种编码方式相比,时间编码能单帧整幅图像选择是否曝光,这种方式只需采集单幅图像,是将曝光过程进行编码量化,且复原重建图像的质量不低于需要高速视频信号的时空编码。因此,相对于其他两种编码方式,时间编码实现更加容易。

综上,本书以时间编码方式研究为主,若无特别说明,提及的编码曝光技术均为时间编码曝光技术。

2.5　时间编码曝光图像复原的数学模型

图像模糊是图像降质的一种表现形式,它的发生不仅主观上影响观察者的感受,而且带来一系列问题,诸如导致图像分割、图像识别、信息提取、目标测量等科学研究的准确性出现偏差。因此,图像模糊对图像信息保存及信息的正确表达有着不可逆的影响。众多学者在研究中都希望通过建立数学模型,来分析有效的复原方法，尽可能地复原原始信息、得到清晰图像。

Raskar 等[7]设计了二进制的曝光编码就是为了解决普通曝光在复原过程中存在的病态问题，通过控制降质函数频域零点，使图像复原可逆求解。该编码的设计原则是以消除频域零点为目标，将原有的快门按照编码状态进行调整，将曝光快门的打开和闭合与二进制编码中的 1 和 0 相互对应，采集并保留更多目标图像的特征信息。

普通曝光图像复原及其幅频响应如图 2.24 所示。图（a）为清晰图像。普通相机在曝光时，快门处于始终打开的状态，在时间轴中相当于一个低通滤波器，这个滤波器在频域中，会阻止大量的高频信息在图像中生成，如图（b）所示，在伴随降质过程的采集图像中，降质函数在频域中可能存在若干零点。若在采集图像过程中，目标和相机之间产生相对运动，会得到普通曝光图像，如图（c）所示，这里某些特征频点也已经随降质函数的零点情况而缺失导致图像模糊。因此，在复原过程中无法复原已经缺失的频率部分，复原后产生了振铃现象，如图（d）所示。

（a）清晰图像

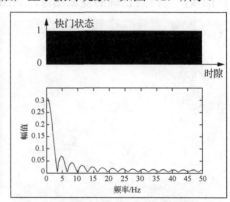

（b）普通曝光图像的幅频响应

（c）普通曝光图像

（d）普通曝光复原图像

图 2.24 普通曝光图像复原及其幅频响应

为了解决普通曝光模式中的出现频域零点及低通滤波造成高频信息损失问题，Agrawal 等[92-94]和 Raskar 等[7]提出了依据特定编码，将固定一次曝光拓展为多次曝光。这种曝光模式的主要思想是通过入射光调制，将产生相对运动时退化的高频信息保存在模糊图像中。

这种特殊的调制是利用一组预置二进制序列与曝光快门的打开和闭合对应，将普通曝光图像采集时的一次曝光转换为多时隙不连续曝光，利用这种曝光模型实现频带展宽，以减少周期频带零点，使图像复原问题可逆。

编码曝光图像复原及其幅频响应如图 2.25 所示。图 2.25（a）为清晰图像。编码曝光图像去模糊是在曝光过程引入入射光调制，将传统的一次曝光模式转变成多次曝光，如图（b）所示，快门的打开和闭合方式与图中编码的设置一致。由于该编码的频域幅值已经不包含零点且改变了低通滤波效应，在图像采集阶段频率覆盖更全面；因此，当利用编码曝光采集运动目标造成图像模糊时，如图（c）所示，其目标的高频信息同样会被采集并隐藏在模糊图像中。若利用与采集时相同的编码复原图像，会得到正确的复原图像，如图（d）所示。

（a）清晰图像

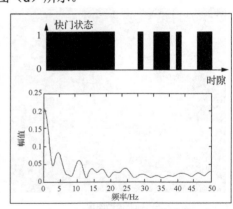

（b）编码曝光图像的幅频响应

（c）编码曝光图像

（d）编码曝光复原图像

图 2.25　编码曝光图像复原及其幅频响应

在编码曝光中，预设编码是保护原始目标信息的重要因素。Agrawal 等[94]和 Raskar 等[7]给出了二进制编码的基本准则：在频域中，编码幅值的最小值要远离零点，同时编码幅值的方差要小。上述准则保证了以二进制编码构成的模糊核对各频点的信息影响尽量一致且远离零点。在研究编码曝光过程中，Agrawal 等[94]和 Raskar 等[7]给出了利用托普利兹矩阵构成模糊核的形式。根据模糊核的构造形式，能够解决目标与相机单一运动方向下的图像复原问题。

编码曝光将一段完整的曝光时间 T 分成 m 个等间隔时隙，时隙数量与预置编码码长保持一致，每个时隙是否曝光与相对应位的码字一致。若以采集长度为 n 的一维信号 l 为例，该信号与长度为 m 的线性运动模糊核 k 作卷积运算可表示为

$$B = \begin{bmatrix} k_1 & k_2 & \cdots & k_m \end{bmatrix} \begin{bmatrix} l_1 & l_2 & \cdots & l_{n-1} & l_n & & & \\ & l_1 & l_2 & \cdots & l_{n-1} & l_n & & \\ & & & & \vdots & & & \\ & & & & l_1 & l_2 & \cdots & l_n \end{bmatrix} \quad (2.15)$$

从信号相对关系上看，式（2.15）相对于一维信号 l 在一个方向运动造成数据错位叠加。该式可以理解为利用托普利兹矩阵将清晰一维信号 l 与模糊核 k 之间的矩阵卷积关系转化为矩阵的乘积关系。当 k 中的任一数据均为 $k_i = 1$ 时，是传统意义下连续的数据叠加；而当 k 中的数据为 $k_i = 1$ 或 $k_i = 0$ 时，是非连续或间断的数据叠加，其中 $i \in [0, m]$。

从快门曝光角度看，编码曝光与普通曝光的区别在于快门不是保持一次打开状态，而是按照一定频率由预先设定的编码来控制打开和闭合。即若 $k_i = 1$，表示该时隙曝光；反之若 $k_i = 0$，表示该时隙不曝光。

以成像系统与目标物体的一维相对运动为例，说明编码曝光成像和图像复原过程。如图 2.26 所示，若一目标（长度为 n 的一维信号 l）通过成像系统进行曝光，该成像系统曝光是否曝光与长度为 m 的模糊核 k 保持一致。

图 2.26 中，将 m 的预置编码设定为 $k = k_1 k_2 \cdots k_m = 110 \cdots 101$。若两信号 k 和 l 相对移动，相当于采集长度为 $(n + m - 1)$ 的信号 B，该信号为二者之间的卷积模型。当 $k_i = 1$ 时，在 B 中随时间累积了 l 中的信息；而当 $k_i = 0$ 时，B 中没有任何新增信息。

因此，采集到的信号 B 的每一位像素量是否累积与 k_i 是否为 1 有关。在图 2.26 中，建立的是以静止的二进制编码序列 $k_1 k_2 \cdots k_m$ 与分时错位的一维信号 l 的采集数学模型。在复原过程中，利用分时错位的编码序列组成模糊核 k 还原相对静止的一维信号 l。若对清晰图像 L 与模糊图像 B 进行计算，则上述编码曝光图像采集及其重建解码过程如图 2.27 所示。

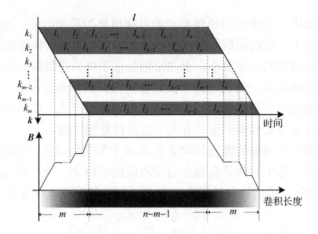

图 2.26　一维相对运动与卷积计算之间的关系示意图

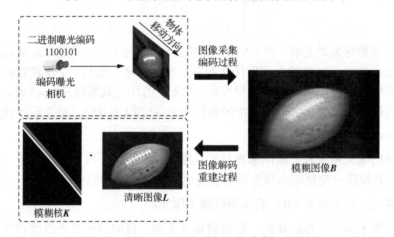

图 2.27　编码曝光图像采集及其重建解码过程

在编码曝光方法出现早期，Agrawal 等[94]和 Raskar 等[7]学者假设每个时隙曝光过程中，对应的图像平面移动一个像素的距离。若移动距离不是一个整数像素距离，需要对编码曝光图像进行尺度缩放，使其刚好能够满足与每个时隙中的移动像素距离一致。若在 T 时间内曝光 m 个时隙，但在图像中移动像素数量，即模糊长度为 s，则该编码曝光用图像缩放系数 $a_s = m/s$ 进行缩放，当 $m=s$ 时，表示图像无缩放。当 $a_s > 1$ 时需要放大图像，这需要对图像进行插值运算；而当 $a_s < 1$ 时需要缩小图像，这需要对图像进行采样运算，这种运算会造成图像原有信息的丢失。通过 McCloskey 等[115]对编码曝光的研究发现，当模糊核估计误差超过 5% 的时候，编码曝光复原图像的质量将低于普通曝光复原图像。显然，这种通过上述缩放图像与模糊核匹配重建复原图像的方式具有一定局限性。

模糊长度的准确估计是编码曝光成像与复原的基础。Raskar 等[7]学者利用人工辅助的方法，估计出了图像的模糊长度进而复原了图像。进一步，Agrawal 等[94]利用"目标背景分离"的思想，从运动图像中寻找图像的模糊边沿，估计出运动轨迹。这种方式要求前景和背景有较大的对比度差异。随后，Tai 等[110]建立了多层运动目标叠加运动模型，并利用人工辅助实现路径规划，估计了模糊长度并复原了图像。由于清晰自然图像的功率谱特性具备随着频率增长而下降的特性，当利用编码曝光方法采集自然目标图像时，通过预置编码和不同模糊长度构造模糊核并解码图像，在众多解码图像中搜索符合自然图像规律的解码图像[114-116]作为复原图像。

因此，编码曝光利用预置编码在图像采集过程中保护了目标的细节特征；当需要复原重建时，除了预置编码，还需利用模糊长度保证复原的图像质量。

2.6 时间编码曝光成像的信噪比分析

图像传感器能够生成图像信号是其中感光像元的作用。当有外界光线到达像元时，像元中将产生与其入射光的光通量成正比的光生电荷[153]。因此，相同条件下，曝光时间长短决定了入射光线光通量的大小，进而产生了相应数量的光生电荷。

当传统成像模式使用短时曝光时，可以采集模糊长度相对较小的图像，但运动目标在成像面产生的光生电荷较小、信号较弱、生成图像灰度值较低，使图像整体偏暗；不仅如此，该类图像噪声相对较大，信噪比较低。若将曝光时间适当延长，可以有效增强图像信号强度。但当外部环境较亮时，曝光时间较长会导致图像饱和，反而不利于图像复原。

与传统曝光成像模式不同，编码曝光可以通过编码控制来调节曝光过程的光通量。当光照强度和曝光时间能够保证编码曝光成像所需的最低光通量时，即使这种情况下的编码曝光光通量低于普通曝光的光通量，但它能有效保护原始目标的高频信息，并在复原图像中再现。因此，编码曝光方法是在图像采集阶段，以较小信噪比的损失换取了高频信息的保护，并能够正确复原运动模糊图像的一种有效方法。

在伴随图像采集的过程中，成像系统的噪声根据其性质可分为独立于图像信号的噪声和依存于图像信号的噪声[154]。

（1）独立于图像信号存在的噪声与采集信号无关，而是由暗电流和放大器噪声、模/数转换的量化误差等综合因素造成，其灰度级方差可表示为 σ_{gray}^2。

（2）依存于图像信号存在的噪声与图像采集时的光通量和光电转换过程的不确定性有关。该噪声与测量信号成正比，若曝光时间变长则光通量变大，导致该噪声信号也随之增大。当曝光时间为 t 时，该噪声的方差值[93]可表示为 ct，c 为常数。

因此，总体噪声功率可以表示为

$$\sigma_\eta^2 = \sigma_{\text{gray}}^2 + ct \tag{2.16}$$

若单位曝光时间内，像平面获得的平均图像强度为 p ，则采集图像的信噪比为

$$\text{SNR}_{\text{capture}} = \frac{pt}{\sqrt{\sigma_{\text{gray}}^2 + ct}} \tag{2.17}$$

当曝光时间 t 较长时，即 $\sigma_{\text{gray}}^2 \ll ct$ 时，有

$$\text{SNR}_{\text{capture}} \approx \frac{pt}{\sqrt{ct}} = \frac{p\sqrt{t}}{\sqrt{c}} \tag{2.18}$$

当曝光时间 t 较短时，即 $\sigma_{\text{gray}}^2 \gg ct$ 时，有

$$\text{SNR}_{\text{capture}} \approx \frac{pt}{|\sigma_{\text{gray}}|} \tag{2.19}$$

若 p 、 c 、 σ_{gray} 均为常数，即只考虑曝光时间 t 这一因素时，信噪比 $\text{SNR}_{\text{capture}}$ 随曝光时间 t 增加，可以通过增加曝光时间 t 提升信噪比 $\text{SNR}_{\text{capture}}$ 。曝光时间 t 较短时，独立于信号存在的噪声 σ_{gray}^2 对 $\text{SNR}_{\text{capture}}$ 影响较大。若在单位时间内能获得足够光通量，即 p 足够大时，曝光时间 t 较短也可获得较高的信噪比。

由于编码曝光的曝光时间少于普通曝光，相同时间内光通量不如普通曝光，因此信噪比不如普通曝光。但对于运动目标图像，普通曝光导致采集图像的高频细节损失大、图像边缘平滑，其主要原因是在图像采集过程中高频信息没有有效保存，故复原困难。编码曝光方法能够有效保护高频信息，在损失较小光通量及信噪比的前提下，为解决运动目标图像采集过程中图像高频细节损失带来希望。但若环境中光通量不足，在无外部补光条件下，采集图像信噪比过低，编码曝光成像复原方法不适用。

2.7   图像质量评价指数

近年来，图像质量评价（image quality assessment, IQA）被广泛地应用到了图像复原过程[2,155-159]，并将其判定是否满足人类视觉系统的重要指标。这种以视觉感官为主的图像质量评价方法被称为主观图像质量评价方法。客观评价方法通过建立数学模型，计算指数值自动获得客观图像质量评价。客观图像质量评价是对人类视觉系统的模拟，并尽可能与主观图像质量评价方法结果保持一致。

Wang 等[160]根据人类视觉系统特征，设计了图像结构相似度（structural similarity, SSIM）度量方法。该方法对比降质图像和参考图像的亮度、对比度、结构相似程度。随后，为了弱化 SSIM 在单尺度图像度量方面的缺点，该学者又

提出了多尺度图像下的结构相似度比较方法[161]。

在图像评价体系中，若清晰图像已知，即参考图像可以获取，则可以使用全参考评价方法。但一般情况下，从降质图像中复原清晰图像，清晰图像本就为未知量，因此该方法受到一定限制，从而产生了无参考图像质量评价方法，该方法是以"盲"的角度评价复原图像质量。还有一种是介于全参考和无参考评价之间的一种方法，即当参考图像部分已知，或者以某一先验或图像特征存在，即为部分参考评价方法。

清晰图像是求解对象，在图像降质发生时，只有降质图像，无法利用清晰图像作为参考。此时，只能凭借复原图像本身质量进行评价[162]。该类图像质量评价方法不依赖于参考图像的对比效果。相反，无参考图像质量评价方法利用被评价图像本身的一些特征信息来表示其质量高低。如信息熵就是一种无参考情况下图像恢复分布的质量评价方法[163]，它是图像信息量的度量，一般用来表示图像高频信息含量的丰富程度，图像中的细节信息比重大，信息熵的数值高[164]；熵的数值越低，表示图像信息的有序程度越高[165]。由于清晰图像细节清晰，灰度层次丰富，因此可以利用图像中相邻像素的灰度差值表征图像中的高频分量，描述清晰图像中丰富多样的细节层次，如灰度差分函数（表示灰度差分绝对值之和，sum of modulus of gray difference, SMD）和灰度差方函数（表示灰度差分绝对值之和的平方，SMD_2）等函数，Energy 梯度函数表示了图像中纵横两方向的相邻两像素的梯度平方和，而 Brenner 梯度函数表示了图像中纵横两方向的相隔像素灰度差的平方和[166-167]。

编码曝光在采集过程中将快门的曝光过程调制，图像的高频分量会被采集并保存在采集图像中。当这些高频信息复原正确时，图像的层次丰富细节清晰，因此能够利用上述指数评价图像复原的清晰程度。

2.8 本 章 小 结

本章首先从相机的成像模型出发，从相机成像角度分析了运动模糊图像成像机理，介绍了编码曝光图像去模糊经典方法，分析了普通曝光运动模糊图像的降质函数及其局限，重点阐述了基于时间编码曝光图像的去模糊原理与具体实现方法，最后分析了编码曝光成像方法的信噪比与适用的条件。

3 时间编码曝光图像采集系统设计与实现

3.1 概　　述

图像是真实反映客观世界发生事件及景象记录的一种有效手段。然而，当目标与图像采集系统之间有较快相对运动时，采集的图像就可能产生运动模糊。为了从模糊的运动目标图像获得清晰的图像，产生了图像重建及复原技术，目的是将降质模糊图像恢复至接近原始清晰图像的程度。这个过程是图像降质的逆过程，需要分析图像降质成因，再将降质过程进行数学建模后进行逆计算，进而从降质图像中恢复原始信息。

高帧高清相机可以突破普通相机极限，采集更多清晰图像，但是成本过高，不具有推广价值。运动模糊是运动物体的速度和相机采集速度之间不匹配造成的，高帧高清相机采集速度也会受到硬件指标制约，无法达到移动物体速度的变化极限，只要目标的运动速度高出采集系统帧率必然会产生运动模糊，所以在一定程度上运动目标图像模糊是不可避免的。

针对运动图像模糊，常规方法是利用普通相机采集运动目标模糊图像，再施加各种复原算法实现清晰图像重建。但是运动模糊图像的高频信息在采集过程中被截断，因此复原过程只能估计未知高频信息，复原效果较差。

2006 年，Raskar 等[7]提出的编码曝光方法实现了目标图像高频信息的保存，复原质量有了大幅度的提高。该学者对普通工业相机进行改造，将快门接口与外部控制器相连，控制器由处理器发出的二进制编码序列驱动，获得连拍图像。然而，普通工业相机没有存储功能，每一幅图像要即时传输到计算机中进行合成获得"编码曝光"图像，这种相机称为"外控式"编码相机，其存在诸多局限：多幅连续采集图像叠加合成图像容易饱和，须在适合的光通量下使用；曝光时间量化分割后，每一幅图片的曝光时间很短，导致图像信噪比降低，叠加后噪声相对较大；时隙间隔也不易控制，须反复调试。

随后，美国 Point Grey 公司出品了多拍摄功能工业相机，其中有扩展快门模式，使用时在计算机中下载编码后，经编码曝光采集获得模糊图像。其原理是把采集的多幅图像在相机的存储器中叠加合成后输出，这种相机称为"内控式"编码相机，其各方面性能优于上述外控式编码相机。目前，国内外的编码曝光研究一般均基于此类设备开展研究。

针对上述内控式与外控式成像方式的不足，本章研究多次断续电荷累积，一次向外输出的单幅编码曝光成像方法。本章其余部分的结构安排如下：3.2 节阐述编码曝光相机采集方式设计；3.3 节论述基于 CCD 图像传感器的时间编码曝光成像原理，设计编码相机的驱动时序，利用 CCD 衬底控制技术，实现多次断续电荷累积和一次电荷的转移过程；3.4 节以现场可编程器件现场可编程门阵列（field programmable gate array, FPGA）为核心，设计编码成像嵌入式系统；3.5 节完成设计相机的图像采集及复原实验；3.6 节是本章小结。

3.2　时间编码曝光的图像采集方式

编码曝光技术从出现至今进展缓慢、没有实用化，究其原因主要是没有一种合理的研究平台来获取各种光照和运动条件下的编码曝光图像，无法进一步研究解码的方法和应用，因此设计和研究编码曝光实验平台是本书的一个研究重点。作为数据采集专用实验平台，考虑后续需求，硬件中预留了图像解码复原部分，以备后期下载适用的解码方案。

编码曝光是将一幅图像的曝光时间用编码量化，将已知编码信息预置在图像中，简化了解析模糊图像的工作，在频域上看就是编码曝光图像的高频信息得以保护。

若普通相机的曝光时间为 t_b，驱动电荷转移输出时间为 t_p，由于电荷生成及向外驱动输出需要一次生成电荷，一次转移输出，因此共需采集图像时间为

$$t = t_b + t_p \tag{3.1}$$

目前有如下几套方案可供编码曝光相机设计选择。

方案一：通过对普通相机改造可以采集编码图像，如使用 m 位编码，则需要 m 次曝光时间，m 次转移输出时间，因此共需采集图像时间为

$$t = m\left(t_b + t_p\right) \tag{3.2}$$

后续过程将各次曝光图像信号在相机内合成为编码曝光图像输出。由该思路设计生成的编码曝光图像中包含了完整的曝光输出过程，所需采集图像时间为普通曝光的 m 倍。3.1 节所述的外控式编码相机使用了该方案。由于每幅图像要曝光后上传至计算机，传输时间比较长，所以每幅图像之间的最小时间间隔很大。若采集过程中目标与相机相对移动，则会由于采集图像时间过长产生较大的图像位移。因此，在相同的外在运动条件下，该方案由于采集图像时间过长，图像的模糊长度将远大于普通曝光图像的模糊长度。即使在模糊图像中有效保护了高频信息，但会由于图像中模糊长度过大给图像复原带来新的挑战。

方案二：若将合成编码曝光的过程前置，将其融入电荷生成和累积过程，即多次曝光、多次累积电荷，一次向外输出，共需采集图像时间为

$$t = mt_b + t_p \tag{3.3}$$

该方案为内控式编码曝光实现方案，图像在相机内部叠加，需高速电路处理技术支持。每幅图像之间的最小时间间隔仅是 t_p，模糊长度相对较短，图像质量有所提升，因此可以分辨的运动速度也可以更高。但是该方案输出图像是由多幅图像合成，其中每幅图像曝光时间和普通曝光相同，叠加后易饱和，因此对外界光照条件要求严格，仅适用于实验室。

方案三：利用曝光时间可控的 CCD 实现曝光时间 t_b 的设置，按照第 2 章所述编码曝光成像原理，将曝光时间 t_b 平均分成 m 个时隙，每个时隙时间为 $\Delta t = t_b / m$。将每个时隙 Δt 采集的电荷单独输出后，然后进行叠加构成编码曝光图像的方案，共需采集图像时间为

$$t = m\left(\Delta t + t_p\right) = t_b + mt_p \tag{3.4}$$

由于该方案向外输出了 m 次，每次仅有曝光时间为 $\Delta t = t_b / m$ 的图像。这种情况下，电荷累积时间短，因此电荷较少，图像信噪比将大幅度降低。同时，电路中的电子噪声存在于驱动电路中，驱动输出了 m 次，故这些噪声以 m 倍叠加于合成图像中，导致图像噪声明显。并且，该方案仍不能最终解决图像数据输出时间过长的问题。

方案四：电荷累积过程与方案三相同，但将方案三中的向外驱动传输过程仅一次完成，即

$$t = m\Delta t + t_p = t_b + t_p \tag{3.5}$$

与方案三相比，方案四仅用一次电荷的驱动转移时间 t_p，同时减少了电子噪声出现的概率。该方案总曝光时间保持与普通曝光时间一致。即在同等条件下，目标与相机投影在像平面中的像素位移与普通相机一致。本方案将"运动模糊叠加"过程前置，将运动过程转化为符合预置编码规律的电荷累积过程，过程中由于各时隙时间和为总曝光时间，因此图像采集间隔时间在上述方案中最小，即同等条件下获得图像的模糊长度最小，便于复原重建清晰图像。

方案四的本质是对电荷生成过程的调制，其结果与"编码曝光成像"相同，但非一般意义上的编码曝光，为了叙述方便，仍称为编码曝光图像。本书采用方案四将一次电荷累积过程转化成多次电荷累积，一次向外输出形成单幅编码曝光图像，本章将详细说明该方案的具体实现过程。

3.3　基于 CCD 图像传感器的时间编码曝光成像原理

3.3.1　CCD 图像传感器的成像原理

CCD 图像传感器的像元结构由光敏区（光敏单元）、转移区（转移栅）、移位转移栅（移位寄存器）组成。其中重要驱动信号如下。

（1）光门电压ϕPG：控制曝光时间，即电荷的积分时间。

（2）转移门电压ϕTG：控制电荷包从光敏单元到 CCD 移位寄存器的信号移动。当像元处于电荷积累的积分时间，转移门电压ϕTG 为低电平，相当于关闭了电荷的转移通道，电荷无法向移位寄存器转移。ϕTG 为高电平时，转移通道打开，电荷从光敏单元向移位寄存器转移，ϕTG 的脉冲宽度一般为 500ns。

（3）工作时钟信号ϕH1 和ϕH2 为高频对称时钟信号，互为反向，两个信号占空比均为 50%。

CCD 图像传感器的工作驱动时序如图 3.1 所示。

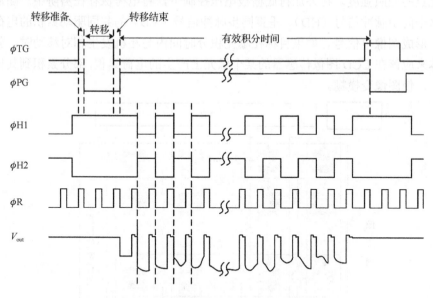

图 3.1　CCD 图像传感器的工作驱动时序

CCD 图像传感器的工作驱动过程可以简化为积分、转移、传输三个过程。

积分：光敏单元由光门电压ϕPG 信号控制，当ϕPG 为高电平时，每个光敏单元下形成势阱，光生电子被积累到势阱中，形成一个电信号"图像"，这个过程称为有效积分时间，即曝光时间。

转移：曝光结束后，关闭ϕPG 为低电平，将势阱中的电荷包并行转移到所对应的各位移位寄存器中，再打开ϕTG 使之为高电平。

传输：移位寄存器中的电荷在二相工作时钟信号ϕH1、ϕH2 和其他工作脉冲的驱动下依次串行输出，逐行输出一帧电信号。ϕR 为每一像素输出后进行的复位信号，防止前后续像素电信号相互干扰。

由图 3.1 可知，CCD 图像传感器中本帧曝光及电荷累积应与前一帧的串行输出同时进行，串行输出时间固定，而曝光时间可变。光敏区和输出通道被转移栅隔开，光生电子能否被累积到势阱中由光栅ϕPG 信号控制。在积分时间内，利用编码控制ϕPG 信号就能得到编码曝光规律的电荷累积。由于编码中相邻两个码的成像之间没有早期编码相机的每幅图像之间传输延迟，使用时间相对最短，造成图像的模糊长度最短，与普通相机相当。每个码字曝光的时隙长度可控，其曝光后图像亮度适中。

图 3.2 说明 CCD 像元电荷转移模型关系，图中灰色水滴状代表像元电荷。当受光照辐射时，像元会将光信号转化为电荷信号，每个像元中的电荷数量反映了像元点的光照强度。在外加衬底栅极电压控制下，将电荷保存在势阱中。随后，由水平同步脉冲信号（HD）、垂直同步脉冲信号（VD）的共同驱动累积的电荷输出，形成图像电信号。如果目标在曝光积分时间内与相机发生相对移动时，就使得本来应该在 CCD 图像传感器的某个像元上产生的电荷累积，部分累积到其他像元中，使图像变模糊。

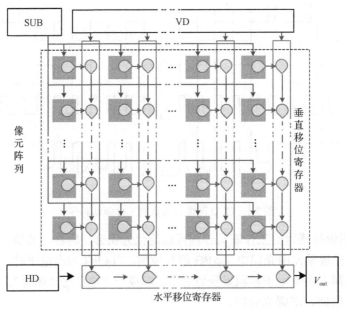

图 3.2　像元电荷转移模型关系示意图

由于编码曝光实现码"1"时曝光，码"0"时不曝光，是断续的积分模式。在 CCD 图像传感器中，曝光与否是由衬底信号（substrate signal, SUB）控制的。当快门打开开始曝光时，像元累积电荷，因此能否控制 SUB 成为设计编码曝光相机的关键所在。SUB 控制势阱电压，决定着承载电荷的数量。像元中曝光量的编码控制可以通过对 SUB 的编码控制决定是否积累保存光生电荷。当 SUB=1 时，驱动电路向像元施加势阱电压，像元开始接收光信号转化为电信号并累积；而当 SUB=0 时，驱动电路停止向像元施加势阱电压，像元由于没有势阱电压而不能累积电荷。当编码积累电荷完成后，顺序输出电荷脉冲至 V_{out}。

为了构成与预置编码一致的快门状态，利用 SUB 将一个普通曝光过程分割成若干微小的时隙，按照上述编码逻辑设置 SUB 的状态转换。图 3.3 为一个像元的光生电荷累积过程在普通曝光和编码曝光随时间累积电荷的比较。普通曝光为编码曝光的特殊形式，为全"1"编码的编码曝光形式。在普通曝光中，SUB 始终为"1"，曝光快门打开，光生电荷随时间变化而线性累积，图中虚线代表普通曝光模型中的电荷累积量。而在编码曝光中，电荷累积过程只存在于 SUB 为"1"时，快门打开；另一方面，当 SUB 为"0"时，快门没有打开，无法随时间累积光生电荷。因此，从图中实线所代表的编码曝光模型中的电荷累积量能够看出，该累积量是按照编码对应的快门开合状态所获得的电荷累积量。同等条件下，编码曝光的电荷累积量小于普通曝光。

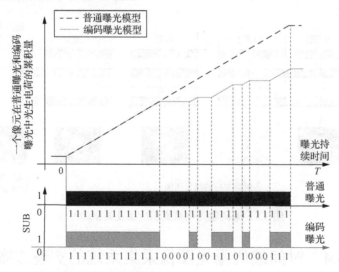

图 3.3　普通曝光和编码曝光在一个像元中随时间累积电荷的比较

3.3.2　时间编码曝光成像的时序

编码曝光要控制和改变 SUB，而 SUB 和其他驱动信号有相互依存的时序关系,因此采用 FPGA 完成驱动信号设计,以替代不适合编码曝光时序使用的原有时序电路。图 3.4 是常规 CCD 图像传感器成像工作时序,曝光过程为一个像元累积一次电荷,同时完成转移和传输,得到输出图像。

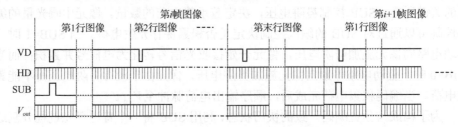

图 3.4   常规 CCD 图像传感器成像工作时序

为了得到与预置码字相符的编码曝光图像,需要控制 CCD 图像传感器中的像元按照预置码字曝光并累积电荷。因此,在输出一幅图像前,需要控制所有像元同时完成多次曝光、多次累积电荷。如图 3.5 所示,若 SUB 与预置码字"10…1…1"设置一致时,会得到与预置编码相符编码曝光时隙的电成像。由于仅当码字为"1"时累积电荷,因此若将各时隙单独输出,图像输出结果如各时隙码字对应所示;若将电荷累积输出,则形成编码曝光图像。即通过 SUB 控制生成与预置编码相符的电荷累积,并由垂直移位脉冲 VD 和水平移位脉冲 HD 同步转移输出电荷,形成输出图像。

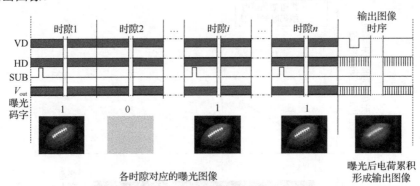

图 3.5   编码曝光电荷累积成像及其驱动时序

3.4   时间编码曝光图像采集系统的实现方案

基于 CCD 图像传感器的编码曝光相机系统结构如图 3.6 所示,主要由图像采集模块、核心控制模块、传输通信模块和存储模块组成。图像采集模块主要由 CCD 图像传感器、时序驱动和信号调理与转换等部分组成。时序驱动电路为 CCD 图像传感器提供合适的驱动电平,特别是三状态电平。信号调理与转换电路包括模拟信号放大滤波和模数转换。

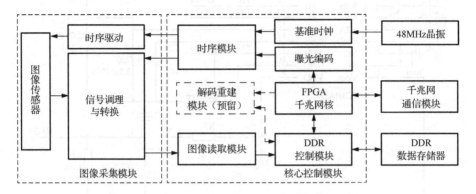

图 3.6　基于 CCD 图像传感器的编码曝光相机系统结构

　　系统的主时钟选用 48MHz 晶振,接入 FPGA 的全局时钟,是所有时序的基准。CCD 图像传感器所需的驱动时序由时序模块产生。曝光编码由计算机通过网络接口预置并保存在串行闪存中,为时序驱动模块提供曝光所需的编码序列。图像读取模块读取图像数据,通过 FPGA 的 DDR(双倍速率同步动态随机存储器,double data rate synchronous dynamic random access memory,简称 DDR)管理核将数据保存 DDR 中。核心控制器中的解码重建模块为预留模块,可以读取 DDR 数据存储器中的编码曝光图像后,利用相关复原方法进行片内解码,重建清晰复原图像。千兆网模块具有双向高速双向传输通道,它的作用与上位机的数据通信传输图像数据和状态命令。

3.4.1　时间编码曝光图像的采集方案

　　CCD 图像传感器采用高灵敏度、低噪声的 ICX204AL 黑白图像传感器,具有可控曝光的电子快门,像素尺寸为 1034×792,其中有效像素尺寸为 1024×768,像元尺寸为 4.65μm×4.65μm。该传感器逐行输出每一个像元的电压信号,表示像素点的图像灰度。ICX204AL 芯片输出的信号为模拟图像信号。图 3.7 为 CCD 图像传感器 ICX204AL 引脚及其接口电路图。

　　ICX204AL 芯片共 16 个引脚,15V 供电。该芯片通过垂直和水平两组移位寄存器共同驱动电荷移动,其中 H1、H2 为水平移位寄存器驱动;V1、V2A/V2B、V3 是垂直移位寄存器驱动。这里 V2A/V2B 是三电平工作,而 V1、V3 是二电平工作,共同保证行和帧的起始位和驱动顺序。SUB 为电子快门信号,用于控制曝光时间。因此,可以利用此引脚设计曝光编码时序。模拟图像由 V_{out} 向外输出,场效应管用作信号传输并实现电压信号隔离。

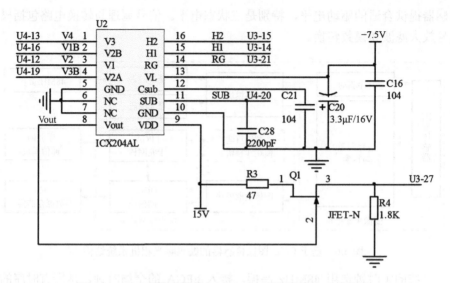

图 3.7　CCD 图像传感器 ICX204AL 引脚及其接口电路图

时序驱动信号由现场可编程逻辑器件 FPGA 产生，由于驱动 ICX204AL 需要二电平和三电平共同保证，因此选用专用芯片 CXD3400N 将二电平输入转换为三电平输出对 ICX204AL 进行垂直时序控制。同时利用 SUB 进行传感器的曝光控制，当 SUB 与预置二进制编码一致时，采集图像即编码曝光图像。CXD3400N 芯片是一款 6 路 CCD 垂直通道时序驱动专用芯片，图 3.8 为时序驱动芯片 CXD3400N 引脚及其接口电路图。

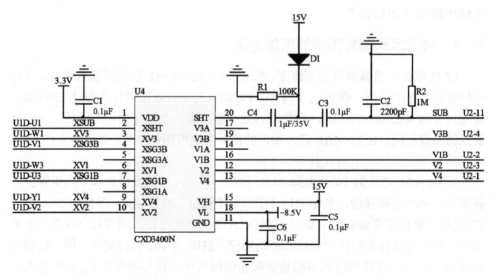

图 3.8　时序驱动芯片 CXD3400N 引脚及其接口电路图

CXD3400N 芯片共 20 引脚，逻辑输入端电平为 3.3V、供电电源为 15V 和 -8.5V。其包含三电平垂直驱动 4 路、二电平垂直驱动 2 路、电子快门专用二电平驱动 1 路。XSHT 为快门逻辑脉冲信号输入端，引脚 SHT 为 XSHT 信号的二电平高压输出，SHT 连接 ICX204AL 的 SUB 端口控制曝光过程。由于 ICX204AL 的 SUB 高电平是 22.5V，CXD3400N 的输出电平是 -8.5V 到 15V，因此利用电容 C4、电阻 R1 和二极管 D1 构成高压波形电路，经过 C3 交流耦合，C2 和 R2 滤波，达到对 ICX204AL 的 SUB 的波形要求，以此保证 CCD 像素单元 MOS 电容的正常安全的工作过程。

CXD3400N 的输入端 XV2、XV4 对应输出端 V2、V4，是二电平高压脉冲，接入 ICX204AL 的 V1、V3 端口。CXD3400N 的输入端 XV1、XSG1A、XSG1B 对应输出端 V1A、V1B 两个高压三电平输出，接入 ICX204AL 的 V2A、V2B；当 XV1 和 XSG1A/XSG1B 均为低电平时，输出 V1A/V1B 为高电平 $V_H = 15V$；当 XV1 为低电平而 XSG1A/XSG1B 为高电平时，输出 V1A/V1B 为 $V_M = 0V$；当 XV1 为高电平而 XSG1A/XSG1B 为低电平时，输出 V1A/V1B 为高阻态；当 XV1 和 XSG1A/XSG1B 均为高电平时，输出 V1A/V1B 为低电平 $V_L = -8.5V$。

CXD3400N 的输入端 XV3、XSG3A、XSG3B 控制着输出端 V3A、V3B，是将二电平输入转化为三电平输出的控制脉冲，作用与 XV1 系列引脚相同，XV1/XV3 系列引脚的真值表如表 3.1 所示。

表 3.1 CXD3400N 中 XV1/XV3 系列引脚的真值表

XV1/XV3	XSG1A/XSG1B/XSG3A/XSG3B	V1A/V1B/V3A/V3B
L	L	V_H
L	H	V_M
H	L	Z
H	H	V_L

为了方便后续信号处理，需要将 ICX204AL 输出为模拟电压量的数字化，这里使用了信号调理和转换芯片 AD9949，其接口电路图如图 3.9 所示。

AD9949 芯片为 3.3V 供电的 12 位 CCD 图像信号模数转换芯片，其集成了可变增益放大器和行驱动电路。CLI 是系统时钟输入，HD 和 VD 分别是水平同步脉冲输入和垂直同步脉冲输入，H1～H4 产生行时序控制脉冲，是 CCD 图像传感器的四个水平寄存器驱动，RG 是复位时钟。

模拟图像信号从 CCDIN 输入，经片内的双相关采样（correlated double sampling, CDS）、像素增益放大（pixel gain amplification, PxGA）、可调增益放大（variable gain amplifier, VGA）后进入 12 位模数转换，从 D[0:11]（表示 D[0]、

D[1]、…、D[11]）并行输出数字图像数据。SL、SCK、SDATA 组成三线串口总线配置相关寄存器。

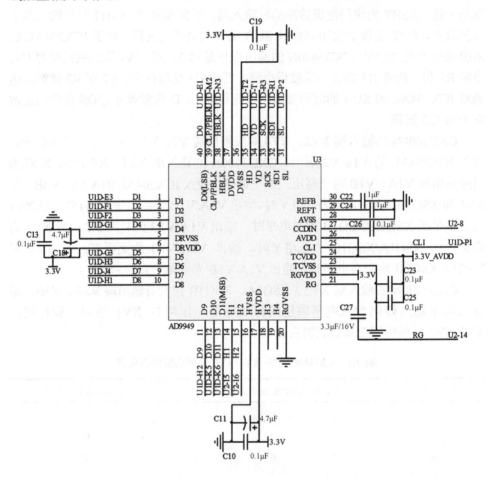

图 3.9   12 位 CCD 图像信号的模数转换芯片 AD9949 及其接口电路图

3.4.2   时间编码曝光图像的传输方案

编码曝光图像传输利用千兆网传输模块完成，其核心是标准协议的解析过程，我们采用了 Spartan6 系列 FPGA 的 XC6SLX45T-3FG484C 作为主控芯片，厂家提供千兆网协议 IP core，简化了设计调试工作，仅需接一个物理层收发芯片。因此，采用物理层千兆以太网收发器 88E1111，其接口电路如图 3.10 所示。

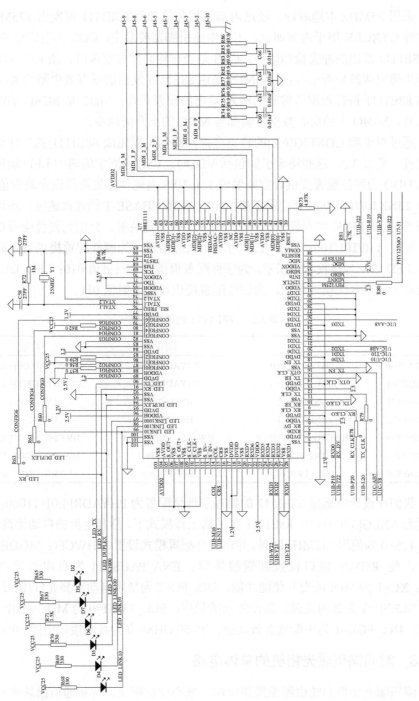

图 3.10　集成千兆以太网收发器 88E1111 及其接口电路图

采用 25MHz 本地时钟，经过内部锁相环倍频后 88E1111 可发出 125MHz 同步时钟 GTXCLK 用于内部调试，工作中该引脚需要悬空；COL 为当信号冲突时，由 88E1111 发出的冲突检测信号；CRS 是当传输介质非空闲时，由 88E1111 发出的异步确定载波侦听信号；PHYINTN 是由 88E1111 发出的低有效中断信号；MDIO 是与 88E1111 进行数据传输时的输入/输出的配置管理；MDC 是 MDIO 的时钟参考信号，MDIO 上的所有数据传输都与 MDC 的上升沿同步。

通过对引脚 CONFIG[6:0]的特定连接，我们可以完成 88E1111 的工作状况硬件配置，见表 3.2。这些特定引脚包括 VDDO、VSS 和固定编码的 LED 输出映射组。VDDO 为硬件配置提供设定映射值 111，VSS 为硬件配置提供设定映射值 000。LED_LINK10/100/1000 分别用于指示 10/100/1000BASE-T 的连接速度，还可以通过设置 LED_LINK 寄存器来选择驱动 LED 的固定映射，分别为硬件配置提供设定映射值 110/101/100；LED_TX 为发送状态指示，为硬件配置提供设定映射值 001；LED_RX 为接收状态指示，为硬件配置提供设定映射值 010；LED_DUPLEX 为全双工或半双工模式指示，为硬件配置提供设定映射值 011。

表 3.2   88E1111 的硬件配置

	位[2]	位[1]	位[0]
CONFIG0	PHYADR[2]= 0	PHYADR[1]= 0	PHYADR[0]= 0
CONFIG1	ENA_PAUSE= 1	PHYADR[4]= 1	PHYADR[3]= 1
CONFIG2	ANEG[3]= 1	ANEG[2]= 1	ANEG[1]= 1
CONFIG3	ANEG[0]= 1	ENA_XC= 1	DIS_125= 0
CONFIG4	HWCFG_MODE[2]= 0	HWCFG_MODE[1]= 1	HWCFG_MODE[0]= 1
CONFIG5	DIS_FC= 1	DIS_SLEEP= 1	HWCFG_MODE[3]= 1
CONFIG6	SEL_TWSI= 0	INT_POL= 1	75/50 OHM= 0

我们在设计中选定 88E1111 的物理层地址配置为 PHYADR[4:0]=11000；协议配置为 ANEG[3:0]=1111，88E1111 在从属工作模式下，打开全部的自动协商功能；DIS_125=0 为使用 125MHz 时钟，并在硬件配置模式设置为 HWCFG_MODE[3:0]= 1011，使 RGMII 接口设置到铜线接口；ENA_PAUSE=1 为启用暂停功能；ENA_XC=1 为 MDI 的交互使能功能；DIS_FC=1 为禁用自动选择光纤/铜线接口；DIS_SLEEP=1 为禁用能源监测使能功能禁用；SEL_TWSI=0 为 MDC/MDIO 选择接口；INT_POL=1 为中断低有效功能；75/50 OHM=0 为终端接口电阻 50Ω。

3.4.3   时间编码曝光相机的总体电路

编码曝光相机系统由图像采集模块、核心控制模块、传输通信模块和存储模块共同组成，如图 3.11 所示。

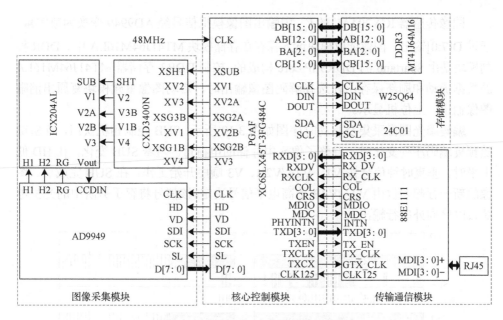

图 3.11 编码曝光相机系统的电路框图

核心控制模块选用了 Xilinx 公司出品 Spartan6 系列中的 XC6SLX45T-3FG484C。该芯片共 484 个引脚，有 43661 个逻辑单元，用户 IO 口 296 个，其中 DDR3 存储器和千兆网物理层 88E1111 芯片分别接于厂家提供的软核确定的默认引脚；全局时钟使用 48MHz 外部晶振，模块的外接引脚尽量布置于同一功能组内。配置程序存储器利用 64MB 串行闪存 W25Q64 完成；DDR3 数据存储器利用 1024MB 的 MT41J64M16LA 设计，用于存储图像数据和运算结果；串行闪存 24C01 是预置参数掉电存储器。

时序模块中 48MHz 全局基准时钟提供了 AD9949 所需的系统主时钟（CLK）以及垂直同步脉冲信号（VD）和水平同步脉冲信号（HD）时序。ICX204AL 的总像素为 1034×792，因此，输出一幅图像需要 1034 个 VD 同步信号，且每个 VD 含有 792 个 HD 同步信号。该时序模块是图像生成及输出的时间基准时序驱动模块。

时序模块还需要将上述时序信号进行编辑，首先，向时序驱动芯片 CXD3400N 提供 XV2A、XSG1、XV2B、XSG2 及含有预置编码信息的衬底控制信号 XSUB，经过 CXD3400N 进行幅度变换（XSG1、XSG2 为 XV2A、XV2B 的使能信号，低电平有效，由于作用单一且为 XV2A、XV2B 辅助信号，图 3.11 中没有画出）；其次，向 ICX204AL 发送编码曝光电荷累积的控制时序 SUB 和电荷垂直移位的驱动时序 V1、V2A/V2B、V3，其中 V2A/V2B 包含了能够保证图像起始位和驱动电荷垂直移位的三电平结构；再次，利用串行外设接口（serial peripheral interface, SPI）总线接口向 AD9949 提供产生水平时钟转移信号（H1、H2）和复位时钟信号（RG）的基础数据。

图像传感器 ICX204AL 的 V_{out} 中输出图像模拟信号经 AD9949 变换为数字量，通过 D[7:0]输出，图像读取模块读入保存在存储模块 MT41J64M16LA 中。DDR 控制模块是由 Spartan6 的 DDR3 IP core 构成的，控制 DDR3 存储器 MT41J64M16LA 的数据流动和刷新保存；在选择解码图像输出时，启动图像重建模块复原出清晰图像输出，上位机显示。

编码曝光图像采集及驱动时序图如图 3.12 所示，SUB 控制相机快门，当 SUB 随预置编码序列变化时，调整了像元中存储的电荷量。随着 SUB 变化，在 HD 低电平时，垂直时钟信号按 V1、V2A/V2B、V3 顺序开始工作；在 SUB 完成后，图像的新一行起始位由 V2A/V2B 的高电平信号决定。该信号将存于势阱中的光生电荷按时序向外串行输出。

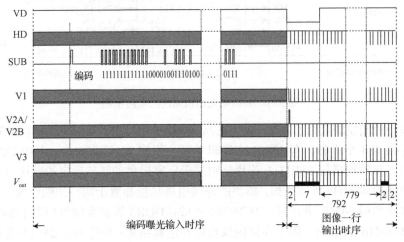

图 3.12　编码曝光图像采集及驱动时序图

利用 Xilinx ISE Design Suite 14.7 平台下编辑程序并在 ISim 下仿真，得到时序信号的仿真时序图，如图 3.13 所示。其中，CLK 为系统主时钟；VD 和 HD 分别为向 AD9949 提供的垂直同步脉冲和水平同步脉冲；XV2A/XV2B、XSG2A、XSG2B 为核心控制器向 CXD3400N 提供的垂直控制时序，通过 CXD3400N 转换成适合 ICX204AL 的 V2A 和 V2B 三态电压时序；XV1 和 XV3 为核心控制器向 CXD3400N 提供的控制时序，并通过 CXD3400N 转换成适合 ICX204AL 的 V1 和 V3 时序；XSUB 为 SUB 的驱动信号，编码序列参数在此为输入。

编码曝光图像采集及解码程序流程图，如图 3.14 所示。预置编码 k 在向衬底 SUB 提供快门变化的控制信号时，也被用作解码模块中模糊核 K 的构造。因此，当符合预置编码的编码曝光图像 B 被采集后，解码模块利用逆滤波方法 $L = B / K$ 获得解码清晰图像。同时，解码模块作为嵌入式编码相机中的可选模块，模糊图像亦可通过传输到上位机处理复原或者下载复杂的重建方法进行复原。

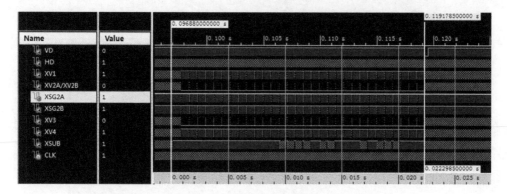

图 3.13 ISim 下的编码曝光仿真时序图

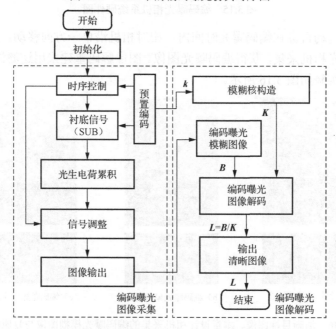

图 3.14 编码曝光图像采集及解码程序流程图

3.5 时间编码曝光相机成像实验

根据本章所述原理设计的编码曝光相机系统硬件如图 3.15 所示。采用 Agrawal 等[94]提出的 $m=31$ 位编码曝光近似最优编码码字 $k=1111111111111110000$ 10011101000111作为预置编码，进行编码曝光实验，以更多地保留目标图像中的高频信息。

图 3.15　编码曝光相机系统硬件图

　　当被测运动目标在编码曝光时间内，相对相机沿单一方向移动。利用预置码字的编码曝光相机采集，获得编码曝光图像。图像解码重建采用逆滤波方法获得。第一组测试实验如图 3.16 所示。

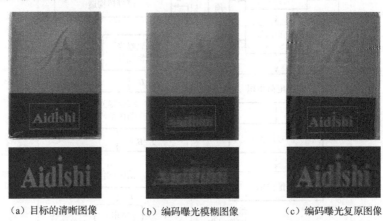

　（a）目标的清晰图像　　　　　（b）编码曝光模糊图像　　　　　（c）编码曝光复原图像

图 3.16　清晰目标图像、本章设计相机采集的编码曝光模糊图像与复原图像

　　图 3.16 中，图（a）是目标静止的清晰图像及关键区域图案；图（b）是利用本章设计相机采集到的编码曝光模糊图像及关键区域图案；图（c）为图（b）的复原图像及目标关键区域图像。为了客观评价图像复原质量，这里使用了 SMD、SMD$_2$、Energy 和 Brenner 等质量评价方式对图像质量[166-167]进行测评。灰度差分函数（SMD）和灰度差方函数（SMD$_2$）指数表征图像信号频域中高频分量的多少。由于运动目标信号在频域中高频分量损失，在运动图像中的细节呈现出模糊不清状态，当高频分量被正确复原时，图像细节信息清楚，因此，两个指数能够表示图像复原后的清晰程度。

$$\text{SMD}(k) = \sum_x \sum_y \left| f_k(x,y) - f_k(x,y-1) \right| + \left| f_k(x,y) - f_k(x,y+1) \right| \quad (3.6)$$

$$\text{SMD}_2(k) = \sum_x \sum_y \left(f_k(x,y) - f_k(x+1,y) \right)\left(f_k(x,y) - f_k(x,y+1) \right) \quad (3.7)$$

式中，$f_k(x,y)$ 表示在 (x,y) 处的像素值；$\text{SMD}(k)$ 表示上下相邻两像素灰度值之差的绝对值之和；$\text{SMD}_2(k)$ 表示水平方向相邻像素差值与垂直方向相邻像素差值的乘积。

由于原始清晰图像的边缘界限明显，无模糊的过渡带，即边沿更锋利。为了更好地突出边缘，这里采用了对边界响应较好的能量梯度函数（Energy）和 Brenner 梯度函数（Brenner）。

$$\text{Energy}(k) = \sum_x \sum_y \left(f_k(x+1,y) - f_k(x,y) \right)^2 + \left(f_k(x,y+1) - f_k(x,y) \right)^2 \quad (3.8)$$

$$\text{Brenner}(k) = \sum_x \sum_y \left(f_k(x+2,y) - f_k(x,y) \right)^2 \quad (3.9)$$

式中，$\text{Energy}(k)$ 表示水平和垂直方向上相邻两像素的梯度和；$\text{Brenner}(k)$ 表示水平方向上相隔像素的差的平方和。

图 3.16 中清晰目标图像、本章设计相机采集的编码曝光与复原图像的质量评价指数如表 3.3 所示，复原图像质量相对于模糊图像质量得以恢复，且复原图像部分评价指数已接近清晰目标的指数。

表 3.3 编码曝光图像复原图像质量评价指数

质量评价方式	图像质量评价指数/($\times 10^4$)		
	清晰图像	复原图像	观测图像
SMD	1.90	**1.85**	1.69
SMD$_2$	2.26	**1.20**	0.30
Energy	16.06	**8.38**	5.75
Brenner	10.91	**9.48**	2.96

注：加粗数据为同组复原图像中具有较大指数数值者。

第二组测试实验如图 3.17 所示，采用简单的几何图像与英文字母的混合目标进行实验，目标相对于相机做单一方向运动。

图 3.17 中，图（a）为编码曝光运动模糊输出图像，模糊图像的局部放大图像如图（b）所示，英文字母及图像边沿模糊不清，但由于编码曝光图像中隐含着图像的高频信息，因此经解码复原后，如图（c）所示，编码曝光复原图像中的英文字母与图像边沿清晰，对应的局部放大图像如图（d）所示。图 3.17 的图像质量评价指数如表 3.4 所示，可以看出，图 3.17 的复原图像正确解码了高频信息，目标复原后的各项评价指数均有改善。

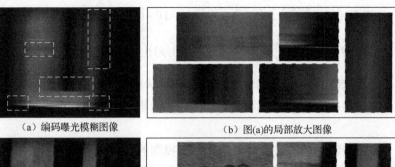

（a）编码曝光模糊图像　　　　　　　　　（b）图(a)的局部放大图像

（c）编码曝光复原图像　　　　　　　　　（d）图(c)的局部放大图像

图 3.17　结构简单目标图像的编码曝光模糊图像与复原图像对比

表 3.4　结构简单目标的编码曝光图像质量评价指数

质量评价方式	图像质量评价指数/($\times 10^6$)	
	复原图像	观测图像
SMD	**2.13**	0.34
SMD$_2$	**1.82**	0.09
Energy	**14.00**	1.48
Brenner	**15.56**	2.09

注：加粗数据为同组复原图像中具有较大指数数值者。

　　为了进一步验证编码曝光成像方式对图像的恢复能力，第三组测试实验采用了包含中文文字和几何图案的相对较为复杂的目标进行实验。同样，实验中目标相对于相机做单一方向运动，如图 3.18 所示。

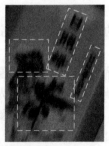

（a）编码曝光模糊图像　　　　　（b）图(a)的局部放大图像

（c）编码曝光复原图像　　　　　（d）图(c)的局部放大图像

图 3.18　结构复杂目标图像的编码曝光模糊图像与复原图像对比

图 3.18 中，图（a）为采集后直接输出的编码曝光模糊图像，其局部放大图像如图（b）所示；图（c）为编码曝光复原图像，其局部放大图像如图（d）所示。从重建结果可以看出，图像中的文字和复杂花纹恢复较好，重构的空间分辨能力显著提高。同样，利用上述质量评价指数进行复原质量评价。由于图像高频信息丰富、变化复杂，其测试图像的各项指数均高于观测图像，如表 3.5 所示。

表 3.5　结构复杂目标的编码曝光图像质量评价指数

质量评价方式	图像质量评价指数/($\times 10^4$)	
	复原图像	观测图像
SMD	**26.67**	12.97
SMD_2	**5.07**	1.38
Energy	**16.10**	3.81
Brenner	**24.48**	4.76

注：加粗数据为同组复原图像中具有较大指数数值者。

3.6　本 章 小 结

本章利用 CCD 图像传感器衬底控制技术，实现运动图像去模糊的嵌入式编码曝光相机系统设计。该方案实现了依照预置编码的多次间断累积光生电荷和一次转移读出电荷。相对于其他编码曝光方法，本章设计方案得到模糊图像的模糊长度和噪声与普通相机一致，可以参照对比进行实验。实验结果证明本章设计的嵌入式图像系统能够保护目标图像的高频信息，能够以较低成本实现较高帧率相机的清晰复原图像效果。

4 图像采集过程中的曝光码字设计

4.1 概　　述

在图像采集过程中，若存在相机和目标的相对运动，就会造成采集图像的运动模糊。学者将这种运动模糊归类为一个病态降质过程产生的结果，需要通过模糊核的有效估计来实现图像复原。

这种模糊产生的原因在于，传统相机在采集图像过程中始终保持快门完全打开状态，与此同时，采集目标与相机产生了相对运动，表征在生成图像中即为图像的运动模糊。从这种运动模糊产生中不难看出，空间目标点由于相对移动，无法找到投影到像平面中唯一点与之对应，投影在像平面中产生了一定的像素位移。故在频域中相当于对图像的低通滤波，目标图像的高频信息被滤除，显示为模糊图像。

由于时间编码可通过控制相机的快门，按照预编码方式进行打开和闭合的转换，近年来学者在这个研究方向上取得了一定的进展。时间编码曝光是将原有的一次曝光进行有效分割，扩展原有的通频带，将高频细节保存在采集图像中的一种有效方法。图像采集后利用图像复原技术将编码曝光图像正确解码，使图像去模糊问题可逆。

将一个曝光时间分成若干个等分的时隙，在每个时隙内快门的打开和闭合转换是由对应的二进制编码 "0" 和 "1" 控制，因此曝光码字的设计成为研究编码曝光中不可避免的问题之一。在码字设计中，Raskar 等[7]给出二进制编码选取的原则是最大化编码频域中的最小幅值和最小化编码频域中幅度的方差。该原则的主要思想是编码所组成的模糊函数对原始图像各频率分量的响应基本一致。通过进一步研究，Agrawal 等[94]在 2009 年发现，除了满足以上要求外，通过减少 "0" 和 "1" 的转换次数、增加连续 "1" 的数目，可以减少 "0" 和 "1" 触发器转换时间。若选用具有良好自相关性的编码，则保护高频信息的能力也会越强，如在编码曝光去模糊中可以看出修正型勒让德序列[95]、互补码集序列[96,98]及混合优化序列[97]等设计编码可以保护更多目标图像的原始高频信息。

预设编码在运动模糊图像中的点扩展函数若不含频域零点，将使原有病态的运动模糊图像复原问题转化为良性问题，不同的编码所在频域通频带不同，因此编码将会直接影响到复原图像的质量，码字设计方式的选取是十分重要的。本章其余结构如下：4.2 节介绍了编码曝光中使用编码的设计原则；4.3 节基于图像频域中采集图像频带的完整性要求，介绍了低互相关编码序列；4.4 节利用低互相关的互补码集设计完成了编码曝光运动模糊图像的复原实验；4.5 节对本章进行了总结。

4.2 编码的设计原则

根据编码曝光图像复原技术的核心思想，为了保留目标图像中的高频信息，需要在图像采集过程中展宽频带。而展宽频带就需要将原有的连续曝光时间分割成很小的不相同的曝光时隙，导致相机快门快速开合转换。相机快门转换在数学上用二进制编码序列表示。

不同的编码保护频带能力有所不同，因此我们需要设计曝光编码序列，以保证让更多被采集目标的高频细节信息（纹理、边缘等）有效地保留。

用于控制相机快门的二进制编码的选取直接关系到运动编码去模糊方法对传统运动去模糊方法的改善程度。一个优良的编码能够使目标表面所有的重要信息都能得到保留；相反，一个劣势的编码会使得运动编码去模糊方法退化成传统运动去模糊方法，并且浪费了多付出的硬件成本。

一般时间编码曝光使用的码字为由"0"和"1"组成的二维码，大多文献均采用 Raskar 等[7]设计的编码选取原则：①最大化编码频域中幅度的最小值；其目的为使点扩散函数的傅里叶变换后幅值的最小值最大，进而确保在直接逆滤波复原的过程中噪声不会被过分放大。②最小化编码频域中幅度的方差，这里要求点扩散函数傅里叶变换后的幅值变化量最小，这种方式会减小由于点扩散函数的估计偏差而引起的复原结果的强烈变化。

由第 2 章所述可知，如利用逆滤波方法求解复原图像，在复原过程中每间隔一段频带即出现频域零点，且频域幅值会随着频率增加而降低，如图 4.1（a）所示普通曝光模型快门完全打开状态下，频域的周期零点和低通效应情况；如图 4.1（b）所示，利用 Raskar 等[7]提出的 $m = 31$ 位编码1111111111111100001001110 1000111，改善了低通效应且消除了频域周期零点。

Agrawal 等[94]考虑编码曝光图像点扩展函数的可逆性和易估计性，提出一种寻找最优码字的方法。McCloskey[112]证明了最优码字依赖被采集物体的运动速度，并提出一种速度依赖的最优码字搜索方法。但是这些基于随机搜索的方法只适用于寻找长度较短的码字，当需要获取长度较长的码字时效果往往不够理想，甚至会因为消耗过长的计算时间而实现困难。

目前，在估计模糊核时首先需要确定模糊核的方向。现有的方法基本上是在估计模糊核之前手动选取模糊核的方向，而这极大地妨碍了模糊核的自动估计，如图 4.2 所示，为目标与相机在单一相对运动方向上，在快门开放时间段内模糊核对模糊图像模糊作用的示例。其中图 4.2（a）为目标与相机相对静止，在像元成像处累积电荷形成清晰图像；图 4.2（b）为目标与相机相对运动，目标上特征点在像元成像发生移动，电荷累积到移动路径中的像元中，故成像模糊。这个过程反映到图像模型中就是模糊核对图像的模糊作用。

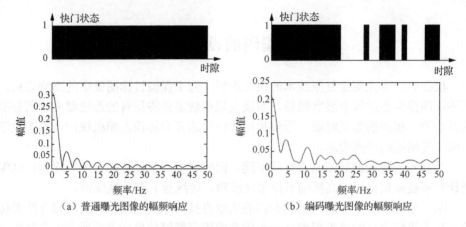

（a）普通曝光图像的幅频响应　　　　（b）编码曝光图像的幅频响应

图 4.1　普通曝光图像复原及其幅频响应

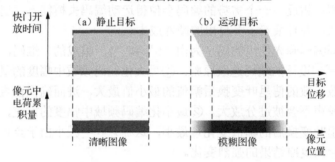

图 4.2　相对静止和运动目标中模糊核对模糊图像模糊的作用

综上所述，在针对预设码长的研究中发现，码长越长，其搜索范围就会随着码长呈现指数级增长。然而，研究人员可通过人为干预的方法控制缩减搜索范围来提高搜索效率。这种人为缩减搜索空间的方法显然难以获得性能最优的码字，得到的码字往往是近似最优或局部最优。因此，有必要研究更加高效的、具有一定评判依据的最优码字搜索方法。由于最优码字往往具备覆盖频带完备、信息获取完整等特点，因此利用码字的频域特点可以作为其评判依据之一。编码的互相关性较低导致其频域区域较完备，因此，学者大多利用低互相关这一特性进行曝光编码设计。

4.3　低互相关编码

低互相关的二进制编码序列的确定是一个非常困难的优化问题，从 20 世纪中叶起，在数学、物理、通信和人工智能等诸多领域中凸显出该序列的优势，很多学者针对低互相关特性进行了深入的研究。

这个问题之所以能够引起众多学者广泛的研究兴趣主要有两个方面的原因[168]：一是其在多个领域的广泛应用，比如在无线电通信中的同步编码、脉冲压缩及雷达通信等领域中的应用；二是由该问题引出的优化任务给科研人员带来了诸多挑战。

Golay[169-170]定义了一个品质因数（quality factor）来衡量码字的互相关质量，在信息论领域迅速地得到了最为广泛的应用。若存在 N 个元素的二进制编码序列 $\boldsymbol{k} = k_1 \cdots k_i \cdots k_N$，其中 $i \in [1,N]$，每个元素 k_i 取值为 0 或 1，则码字 $\boldsymbol{k}$ 的品质因数定义为

$$M(\boldsymbol{k}) = \frac{N^2}{2 \sum_{m=1}^{N-1} c_m^2} \tag{4.1}$$

品质因数 $M(\boldsymbol{k})$ 的值越大，则其非周期性互相关越小，代表码字的质量越好，覆盖频域越全。

若码字 $\boldsymbol{k}$ 存在位移，并在位移 m 处存在非周期性互相关[171]，则其品质因数定义为

$$c_m = \sum_{i=0}^{N-m-1} k_i k_{i+m} \tag{4.2}$$

式中，$m = 0, 1, \cdots, N-1$。为了评价式（4.2）的互相关性，需寻找一个合适的度量指标去衡量所使用的二进制码字的质量，以使得这个码字的非周期性互相关程度尽量地小[172]。

若将价值因子的概念用于衡量编码曝光相机的码字，则品质因数实际上对应着模糊图像的反卷积噪声。Jensen 等[173]给出了品质因数和二进制编码序列傅里叶之间的频谱关系表达式：

$$\sum_{m=1}^{N-1} c_m^2 = \frac{1}{2} \int_0^1 \left[|\mathcal{F}(\boldsymbol{k})| - N \right]^2 d\theta \tag{4.3}$$

式中，$|\mathcal{F}(\boldsymbol{k})|$ 代表码字的傅里叶变换后的频谱；N 为码长。由式（4.3）可知，对于确定的码长为 N 的码字，品质因数衡量码字频谱的振幅偏离固定值 N 的程度，即品质因数越大则总的偏离程度越小，其傅里叶变换频谱曲线表现得越平滑，反之则越振荡。

编码曝光采集图像时使用的码字频谱曲线越平滑，则对模糊图像进行解卷积后得到的复原图像噪声越小，即复原图像的质量更好；反之，若码字的傅里叶变换频谱曲线振荡剧烈，包含频点尖锐的峰值，则在解卷积的过程中噪声会随之被放大，从而影响复原图像的质量。

利用编码曝光方法采集的图像中包含了编码，即其解卷积过程也应含有对码字傅里叶频率响应的逆运算。各频点影响一致，即频域平坦的频率响应，保证了

使用编码在频域中对模糊图像的点扩展函数估计影响一致，微小误差不会在解卷积的过程中被错误放大。所以，要寻找品质因数尽量大的二进制编码作为编码曝光图像采集系统应用的码字。

品质因数可以作为评价编码曝光所用码字质量的依据。但针对编码曝光成像的特点，使用品质因数作为评价码字的唯一标准显然不够，还需考虑影响码字质量的其他因素。为了充分满足 Raskar 等[7]提出的两条标准，针对编码曝光技术特点，为衡量编码曝光码字的质量，Jeon 等[95]结合品质因数定义新的度量指标，即编码因子（coded factor）：

$$C(\boldsymbol{k}) = M(\boldsymbol{k}) + \lambda \min \left| \log \left(\left| \mathcal{F}(\boldsymbol{k}) \right| \right) \right| \tag{4.4}$$

式中，$M(\boldsymbol{k})$ 为码字的品质因数；$\left| \mathcal{F}(\boldsymbol{k}) \right|$ 为码字的傅里叶变换频谱；λ 为平衡前后两项的权重参数。

4.3.1　勒让德序列

勒让德（Legendre）序列是具有较高品质因数的二进制编码序列[170]。在给出勒让德序列的定义之前，首先明确二次剩余的概念。

若存在整数 X 和 p，X 为二次剩余 $(\bmod\, p)$，指的是存在着一个整数 q，使 q^2 除以 X 余数为 p。故若存在长度为 L 的勒让德序列，则

$$k_i = \begin{cases} 1, & i = 0 \\ (i / L), & i > 0 \end{cases} \tag{4.5}$$

式中，L 为一确定素数；k_i 是序列中索引为 i 的二进制码元；(i / L) 为勒让德符号，如果 i 为二次剩余 $(\bmod\, L)$，则 (i / L) 取值为 1，否则，取值为 0。由勒让德序列的合成序列方法可以得出，若确定素数 L 就能快速确定一个勒让德序列。

勒让德序列具有高品质因数的优点，同时也可以利用闭式解减少计算量，这也是将其使用在曝光编码中的重要原因。

虽然勒让德序列可以将确保品质因数 $M(\boldsymbol{k})$ 较大，但它不保证编码因子 $C(\boldsymbol{k})$ 最大，因为它不考虑频谱幅值 $\left| \mathcal{F}(\boldsymbol{k}) \right|$ 的大小。因此，为了进一步提高用于编码曝光成像的勒让德序列的质量，通过旋转、延拓和翻转三种序列操作来生成修正型勒让德序列算法，以找到等式中具有最大编码因子 $C(\boldsymbol{k})$ 的序列。

1. 旋转（rotating）

Hoholdt 等[174]通过对勒让德序列进行旋转后，可以在很大程度上提高其品质因数。对一个给定的长度为素数 L 的勒让德序列 $k_{i:j}$，经过 r 旋转后，序列为

$$\boldsymbol{R}^r = \left(\boldsymbol{k}_{(r+1):L}; \boldsymbol{k}_{1:r} \right) \tag{4.6}$$

式中，$1 \leqslant r \leqslant L+1$，"；"表示两个编码向量的连接算子。对于长度为 L 的勒让德序列，经过旋转后产生 $L-1$ 个新的长度同样为 L 的改进型勒让德序列。

2. 延拓（appending）

Kristiansen 等[175]通过将旋转操作之后的改进型勒让德序列的初始部分添加到序列末尾，可以进一步提高其品质因数，其另一优势是可摆脱由勒让德符号产生的勒让德序列长度都是素数的限制。

经延拓，勒让德序列码长可以为任意长度。对经过旋转操作之后得到的序列 R^r 进行 t 延拓操作，即把 R^r 的前 t 个码元添加到其末尾处：

$$A^r = \left(R^r ; \left(R^r \right)_{1:t} \right) \tag{4.7}$$

式中，$t = N-L$，即通过延拓可以由初始长度为素数 L 的勒让德序列得到最终想要获取的长度为 N 的改进型勒让德序列。对由素数 L 产生的勒让德序列，在经过旋转和延拓后就可以得到 $L-1$ 个新的长度为 N 的改进型勒让德序列，分别计算这些改进型勒让德序列的编码因子，编码因子最高的改进型勒让德序列称为最优旋转-延拓的勒让德序列。

3. 翻转（flipping）

为进一步提高勒让德序列的品质因数，Gallardo 等[168]研究翻转形式的改进型勒让德序列，传统的针对二进制编码序列的翻转操作是这样进行的：对长度为 N 的码字，按顺序每次翻转其中一个码元，然后计算其品质因数，经过 N 次就可以计算出翻转码字中的哪一个码元时，码字的品质因数最大，确定生成一个新的码字。对新的码字重复上述步骤，数值最大，此时得到的码字就是改进型勒让德序列最优码字。Baden[176]提出一个有效的针对翻转操作的优化算法，以提高最优 r 旋转、t 延拓的勒让德序列，借助快速傅里叶变换（fast Fourier transform, FFT）的算法优势，可以大幅度降低翻转操作的计算量。

4. 修正型勒让德序列

在改进型勒让德序列的方法中，Jeon 等[95]直接使用了 Baden[176]推导出来的公式进行翻转操作是不合适的，这是因为 Baden 提出的优化公式是针对码元取值为 -1 或 1 的码字而推导的，但是编码曝光图像采集系统使用的码字应是码元取值为 0 或 1 的二进制编码序列。针对码元取值为 0 或 1 的码字，该修正型勒让德序列表达式应为

$$\delta_j = -8k_j \left(\left(\vartheta \otimes k \right)_j + \left(\vartheta \otimes k^r \right)_{N+1-j} \right) + 8 \left(k \otimes k^r \right)_{N+1-2j} + 8(N-2) \tag{4.8}$$

式中，δ_j 为由于翻转第 j 个码元引起的码字互相关的变化；$\otimes$ 为交叉相关算子；ϑ 为码字 k 的非周期性互相关；k^r 为码字 k 的逆序排列，即 $k_j^r = k_{N-j+1}$。

4.3.2　混合优化序列

混合优化序列是一种自动更新迭代，并利用其进化过程得到的一组编码曝光候选序列。该方法首先是生成一个初始值候选集，一般为生成随机序列[168]。当序列长度 N 增大时，由于搜索空间随序列长度呈指数增长，该算法的性能下降。作为初始集的更好选择，可采用斜对称序列。Mertens[177]的研究表明，在搜索长序列时，斜对称序列将有效计算量减少了一半。斜对称序列 S 定义[178]为

$$S_{L+j} = \begin{cases} S_{L-j}, & j\text{为偶数} \\ \tilde{S}_{L-j}, & j\text{为奇数} \end{cases} \tag{4.9}$$

式中，$j=1,\cdots,L-1$；S_j 是 S 的第 j 个元素；"～"是一个求反运算。斜对称序列 $S_{1:L}$ 的前半部分是随机产生的。

$$L = \begin{cases} \dfrac{N}{2}, & N\text{为偶数} \\ \dfrac{N+1}{2}, & N\text{为奇数} \end{cases} \tag{4.10}$$

Jeon 等[97]通过实验证明了基于初始序列选择的性能变化。对于长度较短序列，随机生成的序列优于斜对称序列（$N \leqslant 80$）。另一方面，对于长序列，斜对称序列表现出更好的性能。

4.3.3　互补码集序列

互补码集是一种基于现代通信理论的二值序列互补集，广泛应用于工程中，如多输入多输出（multiple-input multiple-output, MIMO）雷达和码分多址（code division multiple access, CDMA）技术等[179]。在这里，主要用于采集编码曝光采集视频或多帧图像的复原工作。利用视频或多幅模糊图像进行去模糊是一个备受关注的研究方向，互补码集所提供的信息具有互补性，因此与一般的单幅图像去模糊方法相比，该方法具有更好的性能。

互补码集的核心思想是用一组编码曝光模式来补偿其他帧的频率损失，从而使捕获的图像保持一定的空间频率。通过互补码集中的多组二进制编码独立地调制采集视频中的每帧图像，由于多组码字中的频带互补，高时间分辨率的复原成为可能。

编码曝光采集过程贯穿着每帧图像的生成过程，互补码集的使用可以生成不同的曝光时间序列，以实现灵活的帧速率捕获，并获得更高质量的图像复原结果。在编码曝光成像中，编码频谱平坦可以提高图像复原质量。

为了测量频谱平坦程度，可以利用编码的自协方差函数和进行判别。同时，编码序列的自相关函数也可以用自协方差函数逼近。若 N 个元素的二进制编码序

列 $\boldsymbol{k} = k_1 \cdots k_i \cdots k_N$，其中 $i \in [1, N]$，其自相关函数和其调制转移函数之间的关系为

$$\sum_{m=1}^{N-1} \psi_m^2 = \frac{1}{2} \int_{-\pi}^{\pi} \left[\left| \mathcal{F}(\boldsymbol{k}) \right|^2 - n \right]^2 \mathrm{d}\theta \tag{4.11}$$

式（4.11）数值越小，说明该编码的品质因数越好，图像采集过程中保护的频率和频带宽度越完整，Ukil[180]证明了式（4.11）的最小值有界，为 $n/2$。式（4.11）中，$\left| \mathcal{F}(\boldsymbol{k}) \right|$ 代表二进制编码序列 $\boldsymbol{k}$ 的傅里叶变换；θ 为角频率；ψ_m 为序列的自相关函数 ψ 中的第 m 个元素，其定义为

$$\psi_m = \sum_{j=1}^{N-m} k_j k_{j+m} \tag{4.12}$$

在编码曝光视频的编码使用中，互补码集应该被定义为一组二进制编码序列，其中序列中各码字的自相关函数之和为零。

若有一个互补码集，其共有 $p(\geqslant 2)$ 个序列，每个长度由 N 的码字 $\boldsymbol{k} = k_1 \cdots k_i \cdots k_N$ 组成，则关系表示为

$$\sum_{i=1}^{p} \psi_m^i = 0 \tag{4.13}$$

式中，$m \neq 0$；ψ_m^i 为互补码集 Γ 中第 i 个序列的自相关函数 ψ 中的第 m 个元素。这里，互补码集 Γ 可以通过最小化式（4.14）获得

$$\sum_{m=1}^{N-1} \left| \sum_{i=1}^{p} \psi_m^i \right|^2 = \frac{1}{2} \int_{-\pi}^{\pi} \sum_{i=1}^{p} \left[\left| \mathcal{F}(k_i) \right|^2 - pn \right]^2 \mathrm{d}\theta \tag{4.14}$$

理想情况下，式（4.14）的最小值为零。在互补码集中各个码字的联合频谱比单个二进制序列更具有平坦一致的频谱，利用其采集图像形成编码曝光图像会保留更多的频率信息。

因此，利用多组低互相关的码字组成互补码集，使频带相互补充，这种方法只适合多帧图像或视频采集复原使用；若仅对单幅图像复原，由于单组码字频带不全，故使用单组码字复原单幅图像时，利用互补码集设计码字不适合。

4.4 基于互补码集的多幅编码曝光运动模糊图像复原

多幅运动目标的模糊图像复原是以同一区域的同一目标按照时间顺序进行多次采集，形成多幅运动模糊图像，并由这些具有相同目标的模糊图像作为输入恢复同一目标的初始信息。

多幅图像运动去模糊方法均针对两幅及两幅以上的运动模糊图像进行复原。因此，基于该方法的实用性考虑利用两幅编码曝光运动目标模糊图像的复原代指多幅运动目标模糊图像的复原。

运动图像的模糊主要原因是采集图像中的高频信息缺失。利用多幅图像采集运动目标的主要思路是利用多幅运动模糊图像中信息的互补性，将同一目标的模糊图像信息保存在前后帧图像中，进而通过复原方法将其复原，使频率损失尽可能降低，进而使在图像复原过程中图像的各个频带均可以得到有效复原。

相比于单幅图像，多幅图像的运动模糊复原有如下特点：目标图像所有信息分散保存在各幅模糊图像中，频域保护相对更完整，使得复原效果更符合实际目标的真实信息；但是，由于采集多幅运动模糊图像，无论是采集复原算法执行时间，还是系统硬件都需要比采集单幅运动模糊图像需要付出更多，且不同图像间的目标对齐问题较复杂。

4.4.1 多幅编码曝光运动模糊图像采集

传统多幅图像的运动复原方法是假定目标物体在每幅图像中有很大差异而进行设计的。若相对运动方向较小，在图像复原过程中，每幅图像所提供的有效信息较少、信息冗余度很大，从而使多幅图像信息的复原方法退化成单幅图像的复原方法。若在采集多幅图像过程中融入编码曝光进行图像采集，则可利用互补码集内不同的码字随采集时间变化进行多幅运动目标模糊图像采集。在相对运动方向上，使目标物体在前后帧可以提供信息互补，从而解决传统多幅图像的运动复原过程中面临的问题。图 4.3 为文献[98]使用的互补码集序列采集多帧图像示意图。

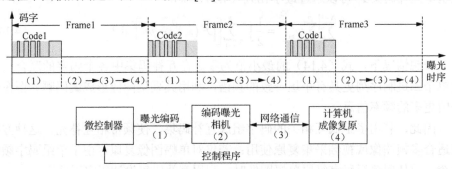

图 4.3   互补码集在多帧图像采集过程中的使用

图 4.3 使用的互补码集中有两组码字，分别为 Code1 和 Code2，这两组码字采集信息互补。循环利用上述互补码集中的两组码字采集视频中的前后帧，如第一帧 Frame1 利用码字 Code1；第二帧 Frame2 利用码字 Code2；第三帧 Frame3 再利用码字 Code1，周而复始循环使用这两组码字。在采集图像过程中，除了上述编码曝光编码过程（1），还包含外部微控制器控制快门的开合动作形成图像过程（2），通过以太网与计算机进行数据传递（3）以及上位机图像复原（4）等。

编码曝光使用含有两组码字的互补码集进行曝光，并采集运动目标图像。由于互补码集含有两组编码，采集运动目标图像对应为两幅。编码为频率信息互补使得目标图像的每个频段的信息在不同的模糊图像中均有保留。这样，相对于一个编码曝光序列采集单幅编码曝光图像，两幅运动模糊图像复原较复杂，但其频率信息互补，复原后会得到更好的复原效果。

4.4.2 互补码集的设计

为了使两幅图像能够信息互补地保存，需从时域和频域两个方面同时考虑编码的设计原则。一方面，在时域上要求这对编码互补，即每个位置上的编码都是反相补码，如 00101 和 11010 互为补码。另一方面，两个编码序列在频域中的频谱幅值均值的最小值尽可能大，保证各频率分量采集完整，使各个频段的信息都能得到很好的保护。故依据这两个原则，本章选用的互补码集编码分别为 $C1 = 00100110110100011111$ 和 $C2 = 11011001001011100000$，如图 4.4 所示。

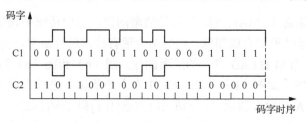

图 4.4 一对互补码集的编码

编码 C1、C2 的频谱如图 4.5 中曲线表示。可以看出，C1 和 C2 的波峰与波谷近似交替出现，使得频域幅值和的振动幅度很小。这表明，对于单幅运动模糊图像很容易丢失的高频信息，利用互补码集采集多幅图像能将高频信息很好地分别保留在各幅运动模糊图像中，并在去模糊的过程中同时得到恢复。

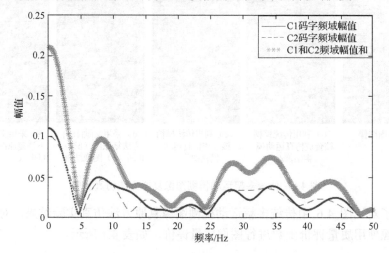

图 4.5 互补编码的傅里叶变换幅度

4.4.3　多幅含互补码集采集的编码曝光运动模糊图像复原实验

编码曝光能够使得采集到的运动模糊图像中高频信息的损失降低，然而并不是每个频段的信息保护效果一致。利用互补码集内编码实现编码曝光，进行多幅图像的采集，进而实现运动目标模糊图像的清晰复原。

本节分别利用互补码集编码曝光运动模糊图像复原方法进行仿真实验和实际实验证明。第一部分为利用清晰图像合成模拟运动模糊图像，该图像为互补码集中的两组码字采集，最后实现图像复原并获得其质量评价。第二部分利用第 3 章设计的编码曝光图像采集装置采集运动模糊图像复原实验及其质量评价。

1. 互补码集的编码曝光运动模糊图像的仿真图像实验

仿真图像来源于 MATLAB 自带的清晰图像，利用传统多幅运动模糊图像复原方法，获得运动模糊合成图像，然后结合现有技术进行复原，复原结果如图 4.6 所示。图（a）为 MATLAB 自带的清晰图像，图（b）和图（c）为利用图（a）与同向传统模糊核［如图（b）和图（c）中右上角所示］进行卷积得到的合成仿真运动模糊图像 A 和模糊图像 B。分别采用文献[181]和文献[182]中多幅图像的运动去模糊方法得到复原结果［如图（d）和图（e）所示］，由于传统方法采集信号频带受限，模糊图像采集频率不完备，因此复原图像高频信息缺失，细节不清。

| （a）清晰图像 | （b）利用传统模糊核合成仿真运动模糊图像A | （c）利用传统模糊核合成仿真运动模糊图像B | （d）采用文献[181]方法复原图（b）和图（c）图像结果 | （e）采用文献[182]方法复原图（b）和图（c）图像结果 |

图 4.6　传统多幅运动模糊图像复原方法仿真实验

为了对比图 4.6 中传统多幅运动模糊图像复原方法仿真实验结果，对实验的五幅图像使用质量评价函数进行图像质量评价，如表 4.1 所示。

表 4.1　传统方法复原多幅运动模糊图像质量评价指数

对比实验组		图像质量评价指数/($\times 10^6$)				
		原始清晰图像	合成模糊图像 A	合成模糊图像 B	文献[181]复原方法	文献[182]复原方法
图 4.6	SMD	2.37	0.83	0.82	**1.24**	1.14
	SMD$_2$	3.64	1.86	1.21	**2.58**	1.72
	Energy	9.43	5.78	5.79	**8.00**	6.63
	Brenner	6.50	5.50	5.50	**5.88**	5.84

注：加粗数据为同组复原图像中具有较大指数数值者。

　　本实验为仿真实验，其中以图 4.6（a）原始清晰图像的各评价函数数值为基准，图（b）和图（c）的质量评价指数最低，图（d）相对于图（e）的复原质量评价指数要稍高，故此图像中文献[181]方法相对于文献[182]方法要具有一定优势。

　　仍采用图 4.6 的原始清晰图像，利用仿真合成的方法，按照互补码集的码字顺序仿真合成编码曝光运动模糊图像，如图 4.7 所示。

　　图 4.7 中，图（a）为 MATLAB 自带的清晰图像，图（b）和图（c）为利用图（a）与互补编码生成的模糊核进行卷积得到的合成仿真运动模糊图像 A 和模糊图像 B。利用文献[19]中单幅图像的运动去模糊方法对图（b）和图（c）进行恢复的结果分别如图（d）和图（e）所示。利用基于编码曝光的多幅图像的运动去模糊方法对图（b）和图（c）复原的结果如图（f）所示。

　　由于编码曝光可以有选择地保护目标图像频率信息，且利用互补码集进行频率互补，故复原图像中频率信息更完整，图像更清晰。从主观上看，图 4.7 所示的复原结果图（f）的视觉效果优于单幅图像的运动去模糊方法的结果图（d）和图（e），同时更优于图 4.6 中传统的多幅图像的运动去模糊方法的结果图（d）和图（e）。

　　为了客观评价图 4.7 中各个图像的图像质量，仍采用图像质量评价函数，如表 4.2 所示，以图 4.7（a）原始清晰图像的各评价函数数值为基准，利用互补码集合成的运动模糊图像 A 和 B，即图（b）和图（c）为运动模糊图像在表 4.2 中质量评价指数最低。这里分别利用互补码集中的两组码字采集图像，如图（b）和图（c）所示，其中图（d）和图（e）分别为图（b）和图（c）单幅图像的复原结果；然后利用两组码字共同复原，获得复原图像，如图（f）所示。

（b）利用互补码集
模糊核合成仿真运
动模糊图像A

（c）利用互补码集
模糊核合成仿真运
动模糊图像B

（a）清晰图像

（f）图（b）和图（c）
共同复原结果

（d）图（b）复原结果　（e）图（c）复原结果

图4.7　基于互补码集的多幅运动模糊图像复原方法仿真实验

表4.2　利用互补码集曝光方式采集多幅运动模糊图像复原图像质量评价指数

对比实验组		图像质量评价指数/($\times 10^6$)					
		原始 清晰图像	合成模糊 图像A	合成模糊 图像B	图像A 复原	图像B 复原	互补码集 复原结果
图4.7	SMD	2.37	0.99	1.09	1.74	1.80	**2.20**
	SMD_2	3.64	1.95	2.24	3.24	3.33	**3.55**
	Energy	9.43	7.04	7.56	9.18	9.33	**9.62**
	Brenner	6.50	5.57	5.71	6.51	6.66	**6.65**

注：加粗数据为同组复原图像中具有较大指数数值者。

通过对比普通曝光方法各图像质量（表 4.1）和编码曝光方法各图像质量（表 4.2）可以得出，复原图像质量从高到低为：使用互补码集编码曝光复原的图 4.7（f）的图像质量最高；图 4.7（d）、（e）单幅编码曝光图像复原方法的结果次之；最后为普通多幅图像的运动模糊图像复原方法，如图 4.7（d）、（e）所示。

为了进一步验证设计出的互补编码的有效性，这里利用另外一组编码曝光生成运动目标模糊图像进行实验，如图 4.8 所示。其中，图（a）和图（c）为利用一对互补编码模拟生成方向一致的运动模糊图像，利用基于互补码集编码曝光的多幅图像运动复原方法复原图像如图（e）所示。这里，利用图（a）和图（c）单幅图像的复原结果及其模糊核如图（b）和图（d）所示。

可以利用主观观测的方式进行图像质量评价，图（e）的图像质量明显高于单幅图像复原结果图（b）和图（d）。图 4.8 的客观图像质量评价如表 4.3 所示。使用互补码集编码曝光复原的图（e）的图像质量最高；图（b）、（d）单幅编码曝光图像复原方法的结果次之，而编码曝光观测图像质量最差，如图（a）、（c）所示。

（a）互补编码采集的
运动模糊图像A

（b）对图像A进行
单幅图像的运动复原图像

（e）互补码集编码曝光的
多幅图像运动复原方法复
原图像

（c）互补编码采集的
运动模糊图像B

（d）对图像B进行
单幅图像的运动复原图像

图 4.8　基于互补码集复原多幅编码曝光运动模糊图像的仿真实验

表 4.3　互补码集复原多幅编码曝光运动模糊图像质量评价指数

对比实验组		图像质量评价指数/($\times 10^6$)				
		合成模糊图像 A	合成模糊图像 B	图像 A 复原	图像 B 复原	互补码集复原结果
图 4.8	SMD	0.47	0.48	0.56	0.77	**1.03**
	SMD_2	0.52	0.51	1.00	1.39	**1.97**
	Energy	3.14	3.29	4.51	5.59	**6.43**
	Brenner	3.64	3.83	4.40	4.94	**5.05**

注：加粗数据为同组复原图像中具有较大指数数值者。

利用互补码集采集多幅编码曝光图像能够破解传统多幅图像的运动目标图像复原方法中的处理局限，使得多幅图像的运动目标图像复原方法不再受频带限制及频点的采集约束，应用价值相对较高。

利用两组仿真合成编码曝光图像实验证明了基于编码曝光的多幅图像运动复原方法的有效性。同时说明了利用互补码集内多组编码采集多幅编码曝光图像的运动目标图像复原方法效果明显好于单幅图像的运动去模糊方法。

2. 互补码集的编码曝光模糊图像的实际采集图像实验

本节内容为两组实际采集编码曝光复原实验，均为利用互补码集的编码曝光运动模糊图像的实际采集图像实验。在实验中，目标物体运动形式一致，首先利用互补码集中的两组编码进行编码曝光采集运动模糊图像；其次利用传统相机正常曝光采集模糊相近的两幅运动模糊图像；最后分别将互补码集实验与普通曝光实验的模糊图像进行对比，得出实验结论。

与单幅图像的运动目标图像复原方法相比，多幅图像的运动目标图像复原方法较为复杂。其一，多幅图像中都必须包含相同的兴趣目标区域，且该部分图像的尺寸应一致；其二，由于利用互补码集采集的编码曝光图像可以认为是视频前后帧，故用互补码集中的两个码字采集运动目标两幅运动差距较小的图像。因此，实验中，需要满足上述条件时，才能进行互补码集的编码曝光多幅运动目标图像复原。

实际工作中，码字的切换是通过控制器使编码相机连续切换两个编码来连续采集两幅运动模糊图像。然而，由于实验条件的限制，仿照其采集图像过程先利用一个编码采集一幅运动模糊图像，然后更换另一个编码采集另一幅运动模糊图像。图 4.9 利用互补码集采集同一目标的编码曝光模糊图像复原实验。

（a）互补码集采集
编码曝光模糊图像A

（b）仅利用图像A
复原图像

（e）利用图像A和图像
B构成互补码集编码
曝光复原图像

（c）互补码集采集
编码曝光模糊图像B

（d）仅利用图像B
复原图像

图 4.9　利用互补码集编码相机采集同一目标的编码曝光模糊图像复原

从图 4.9 中可以看出，图（a）和图（c）为利用互补码集中的两码字编码相机采集两幅运动目标的编码曝光模糊图像；图（b）和图（d）分别为仅利用图（a）和图（c）复原的编码曝光模糊图像及其模糊核；图（e）为对图（a）和图（c）利用基于互补码集的多幅图像运动去模糊方法复原图像。

可以利用主观观测的方式对图 4.9 中各个图像的图像质量进行评价，图（e）的图像质量明显高于单幅图像复原结果图（b）和图（d）。图 4.9 的客观评价图像质量如表 4.4 所示。从表 4.4 中的参数值可以看出，使用互补码集编码曝光复原的图（e）的图像质量最高；图（b）、（d）单幅编码曝光图像复原方法的结果次之；而利用采集的编码曝光观测图像质量最差，如图（a）、（c）所示。

表 4.4　互补码集合复原多幅编码曝光运动模糊图像质量评价指数

对比实验组		图像质量评价指数/$(\times 10^6)$				
		观测图像A	观测图像B	图像A复原	图像B复原	共同复原结果
图 4.9	SMD	21.51	24.56	37.35	29.65	**53.26**
	SMD$_2$	0.25	0.34	0.95	0.61	**1.17**
	Energy	1.11	1.40	3.69	2.52	**3.55**
	Brenner	2.12	2.35	5.57	3.81	**8.23**

注：加粗数据为同组复原图像中具有较大指数数值者。

为了与互补码集编码曝光运动模糊图像复原方法比较，利用传统方法进行了图像复原，如图 4.10 所示。利用文献[19]中单幅图像的运动去模糊方法恢复结果及其模糊核，如图（a）和图（b）所示；利用文献[181]中传统多幅运动模糊图像的运动去模糊方法恢复结果如图（c）所示。

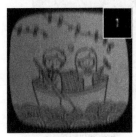 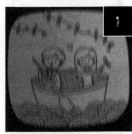 

（a）传统运动目标采集　　　（b）传统运动目标采集　　　（c）利用传统方法图像A
　　模糊图像A　　　　　　　　　模糊图像B　　　　　　和图像B的复原图像

图 4.10　利用普通相机采集两组同一目标的运动模糊图像及其复原

为了对比图 4.10 中传统多幅运动模糊图像实验结果，对实验的图像质量进行评价，如表 4.5 所示。

表 4.5　普通曝光情况下复原多幅编码曝光运动模糊图像质量评价指数

对比实验组		图像质量评价指数/($\times 10^6$)		
		观测图像 A	观测图像 B	共同复原结果
图 4.10	SMD	0.21	0.21	**0.29**
	SMD_2	0.29	0.29	**0.52**
	Energy	1.47	1.49	**1.49**
	Brenner	1.73	1.73	**2.04**

注：加粗数据为同组复原图像中具有较大指数数值者。

从表 4.5 中可以看出，普通曝光运动目标模糊图像［图 4.10（a）、（b）］的图像质量评价指数最低，其共同复原图像结果［图 4.10（c）］稍好。然而与编码曝光实验（图 4.9）对比，编码曝光方法各图像质量（表 4.4）明显高于普通曝光方法（表 4.5）。对比上述两种方法，其模糊效果相近，但复原效果差距较大，如图 4.11 所示。

图 4.11 中，图（a）为利用互补码集编码曝光方式获得的多幅图像的运动复原结果，图（c）为图（a）的细节部分；图（b）为利用传统方法获得的复原图像，图（d）为图（b）的细节部分。在整体方面，图（a）的整体视觉较好，图像更加平整光滑；在细节方面，图（d）中特征图像存在明显的重影现象，而图（c）中这种重影现象被有效去除，振铃效应明显更弱；特征区域细节丢失严重，振铃效应更弱，细节保护更完整，信息更加丰富，边缘更加锐利。

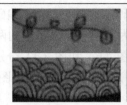

（a）利用互补码集编码曝
光模糊图像的复原图像

（c）利用互补码集编码曝光
复原图像细节部分

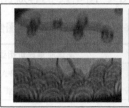

（b）利用传统方法运动
模糊图像的复原图像

（d）利用传统方法曝光
复原图像细节部分

图 4.11　利用互补码集编码相机采集与普通相机采集复原图像的对比一

　　通过上述整体和细节两个角度综合比较和分析，可以证明利用含有互补码集的编码相机采集的同一目标的模糊图像复原方法效果要明显优于利用编码曝光单组码字采集单幅图像的运动目标图像复原方法；同时，也要优于模糊程度相近的传统多幅图像运动目标图像的复原方法。

　　图 4.12～图 4.14 为第二组利用互补码集编码相机与普通相机采集复原图像的对比实验，可以得到与第一组实验类似的结果。

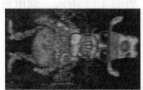

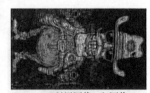

（a）互补码集采集编
码曝光图像A

（b）仅利用图像A
复原图像

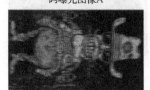

（c）互补码集采集编
码曝光图像B

（d）仅利用图像B
复原图像

（e）利用图像A和图像
B构成互补码集编码
曝光复原图像

图 4.12　利用互补码集编码相机采集同一目标的编码曝光模糊图像复原

图4.12为利用互补码集中的码字实现同一目标编码曝光的多幅图像采集复原实验。其中，图（a）和图（c）为利用互补码集中的两码字编码相机采集的两幅运动目标的编码曝光模糊图像；图（b）和图（d）分别为利用图（a）和图（c）复原的编码曝光模糊图像；图（e）为利用图（a）和图（c）基于互补码集的多幅图像运动去模糊方法复原图像。

可以利用主观观测的方式对图 4.12 进行评价，图（e）的图像质量明显高于单幅图像复原结果图（b）和图（d）。图 4.12 的客观图像质量评价如表 4.6 所示。

表 4.6　互补码集复原多幅编码曝光运动模糊图像质量评价指数

对比实验组		图像质量评价指数/($\times 10^6$)				
		观测 图像 A	观测 图像 B	图像 A 复原	图像 B 复原	互补码集 复原结果
图 4.12	SMD	0.46	0.50	0.72	0.67	**0.82**
	SMD$_2$	0.70	0.84	1.56	1.41	**1.61**
	Energy	3.03	3.38	4.74	4.55	**5.08**
	Brenner	2.98	3.13	3.69	6.36	**6.82**

注：加粗数据为同组复原图像中具有较大指数数值者。

从表 4.6 中可以看出，使用互补码集编码曝光复原的图 4.12（e）的图像质量最高；图 4.12（b）、（d）单幅编码曝光图像复原方法的结果次之；而利用采集的编码曝光观测图像质量最差，如图 4.12（a）、（c）所示。

为了与互补码集的多幅编码曝光运动模糊图像方法做比较，与图 4.10 相似，利用文献[19]和文献[181]进行了图像复原的对比实验，如图 4.13 所示。利用单幅运动模糊图像复原方法（文献[19]）得到复原图像结果及其模糊核，如图（a）、（b）所示；利用传统多幅图像运动模糊图像复原方法（文献[181]）得到复原结果如图（c）所示。

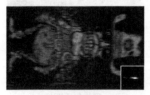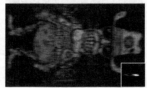

|（a）传统运动目标采集
模糊图像A |（b）传统运动目标采集
模糊图像B |（c）图像A和图像B的
传统多幅图像复原 |

图 4.13　普通相机采集两组同一目标运动模糊图像及其复原

为了对比图 4.13 中传统多幅运动模糊图像实验结果，对实验图像进行质量评价，如表 4.7 所示。从表中可以看出，普通曝光运动目标模糊图像［图 4.13（a）、（b）］的图像质量评价指数最低，其共同复原图像结果［图 4.13（c）］稍好。

然而，普通曝光实验（图 4.13）与编码曝光实验（图 4.12）对比，编码曝光方法各图像质量（表 4.6）明显高于普通曝光方法（表 4.7）。对比上述两种方法，它们的模糊效果相近，但复原效果差距较大，利用互补码集采集编码曝光复原图像方法与文献[19]和文献[181]等传统曝光图像采集运动模糊图下复原方法对比，如图 4.14 所示。

表 4.7　普通曝光情况下复原多幅编码曝光运动模糊图像质量评价指数

对比实验组		图像质量评价指数/($\times 10^6$)		
		观测图像 A	观测图像 B	共同复原结果
图 4.13	SMD	0.42	0.42	**0.46**
	SMD$_2$	0.54	0.53	**0.71**
	Energy	2.62	2.59	**3.06**
	Brenner	2.92	2.86	**3.07**

注：加粗数据为同组复原图像中具有较大指数数值者。

图 4.14 中，图（a）为利用互补码集编码曝光方式获得的多幅图像的运动复原方法的结果，图（c）为图（a）的细节部分；图（b）为利用传统方法获得的复原图像，图（d）为图（b）的细节部分。在整体方面，图（a）的整体视觉较好，图像更加平整光滑，特征区域细节丢失严重；在细节方面，图（d）中特征图像存在明显的重影现象，而图（c）中这种重影现象较小，振铃效应较弱，细节保护更完整，信息更加丰富，边缘更加锐利。

（a）利用互补码集编码曝
光模糊图像的复原图像

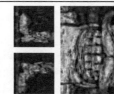

（c）利用互补码集编码曝光
复原图像细节部分

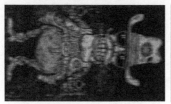

（b）利用传统方法运动
模糊图像的复原图像

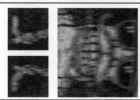

（d）利用传统方法曝光
复原图像细节部分

图 4.14　利用互补码集编码相机采集与普通相机采集复原图像的对比二

通过比较与分析上述两组利用互补码集采集编码曝光多幅图像的复原实验的结果可以得出：利用互补码集采集同一目标编码曝光模糊图像复原方法效果要优于利用单组编码曝光码字采集运动目标模糊图像的复原方法，但其所需时间和硬件成本要高于单幅图像编码曝光复原方法；同时，无论是单幅编码曝光还是多幅编码曝光图像的复原质量均高于模糊程度相近的传统多幅运动目标模糊图像的复原质量。

4.5 本 章 小 结

由于编码曝光中所使用的二进制编码在图像采集过程中具有目标图像的频带保护作用，不同编码采集的编码曝光图像复原能力也会不同。本章首先介绍了早期使用的二进制编码曝光序列，引出编码设计条件，进而得到了低互相关式编码设计原则，以及满足上述条件编码曝光使用的编码序列和码集序列。

利用互补码集采集编码曝光多幅图像复原的仿真实验和实际实验，说明了基于互补码集的编码曝光的多幅图像的运动目标复原图像的方法能更好地保留原有目标的高频信息，得到比传统多幅图像的运动目标模糊图像复原方法更有效的复原结果。

5 基于重建图像相似度与信息熵联合估计的时间编码曝光图像复原方法

5.1 概　述

图像的运动模糊是由于图像采集过程中相机和目标的相对运动产生的。传统的图像去模糊是一个病态过程，一般需要模糊核的有效估计来实现。在曝光过程中，传统相机始终保持快门完全打开状态，目标与相机做相对运动时，这种图像的运动模糊在频域中相当于对图像的低通滤波，目标图像的高频信息被滤除。

编码曝光技术的产生是为了保护目标图像中的高频信息，并通过曝光控制使图像去模糊问题可逆。由于时间编码可通过控制相机的快门进行打开和闭合的转换，实现相对容易，因此，近年来学者们在这个研究方向上取得了一定的进展。

编码曝光是将一个曝光时间分成若干个等分的时隙，在每个时隙内快门的打开和闭合转换由对应的二进制编码 0 和 1 控制。为了在图像采集过程中对图像信息进行最大保护，Raskar 等[7]提出了编码设计的基本原则；Agrawal 等[94]则将研究重点放在编码变化码字的转换时间上；Jeon 等将修正型勒让德序列[95]、互补码集序列[96,98]以及混合优化序列[97]等具有良好自相关性的编码引入编码曝光码字设计原则，进而保护目标图像的高频信息。

在研究编码曝光复原运动目标模糊图像过程中，McCloskey[112]研究发现同一编码不能适应目标的任意相对速度和位移，阐释了二进制编码序列必须依赖目标与相机的相对位移确定，并提出了一种依赖目标速度的码字设计方法。但是该类方法需要同步测量曝光时间内目标与相机的相对位移，外设要求较高。Jeon 等[97]设计了不同长度的编码以适合不同条件下的图像采集，其目的就是破解相对位移与编码码长之间的不匹配造成图像复原效果不佳的问题。上述学者将编码曝光码字研究与设计作为重点，保护采集图像的高频信息；通过测量目标与相机的相对位移，选择适合的编码曝光码长保证图像的正确复原。该类方法将关注点放在了以对象位移和速度为基础的码字设计，进而保护了运动目标的信息。

编码曝光在图像采集阶段保存了高频信息，这些信息还需要图像后处理才能复原。在相同的编码曝光条件下，目标的相对位移不同导致在像平面的相对像素位移不同，即复原所需的点扩散函数不同，复原图像结果也不可能完全相同。因此，除编码码字外，需要研究另一制约编码曝光图像复原质量的重要因素——模糊长度。在利用编码曝光复原图像的点扩散函数研究中,最早是利用目标背景分离算法以人工辅助的方法实现,来寻找复原图像与图像模糊长度之间的匹配[94]。一般情况下,需要复原的目标场景图像为自然目标场景,而清晰自然图像的功率谱幅频特性具有随着频率下降的特征[114-115]。因此,在不同运动参数设定下,利用频域统计方法进行编码曝光的点扩散函数估计,再利用其估计值迭代更新重建图像,随后在对数坐标下,将重建图像进行自相关性运算,获得最优模糊长度进而恢复图像。Huang 等[116]拟合自然图像的功率谱幅值数据,并将该数据与复原数据残差平方和的最小化作为判断依据,估计出最优模糊长度。Harshavardhan 等[183]利用了光流法计算视频中前后两帧图像的像素差估计了模糊长度,并用于图像复原。

本章分析了传统编码曝光模型在复原过程中的局限,建立了改进的编码曝光成像系统数学模型。以单一方向的运动目标成像为例,研究了编码与运动模糊长度之间的匹配问题,阐明模糊长度估计的准确性在图像复原重建中的重要作用。由于用合适的模糊长度解码后获得的重建图像与原始目标最相近,且符合自然图像统计特性,本章采用了基于图像结构相似度(SSIM)和图像信息熵(Entropy)的联合估计模糊长度的方法,以复原编码曝光图像。

本章其余部分的结构安排如下:5.2 节以普通运动模糊图像的数学模型为基础,建立编码曝光图像采集及复原的数学模型;5.3 节介绍图像复原的结构相似度和信息熵评价指标;5.4 节联合采用上述指标评价模糊核估计的准确性;5.5 节给出仿真图像实验、实际图像实验的测试结果;5.6 节对本章进行了总结。

5.2   时间编码曝光模式下运动图像降质函数的估计

本节以目标单一方向运动为例来描述编码曝光成像系统的降质函数,即模糊核。普通成像方式是在快门打开的整个时间内成像,由于目标运动在图像中产生了前后像素累积拖尾,其成像系统的模糊核为沿着运动方向的一条直线,直线的像素长度即是模糊核的长度;而编码曝光成像系统在目标运动中不断地打开或关闭快门,使得模糊核变成一条断续的直线。当运动目标投影到像平面中的模糊长度与码长相等时,控制曝光的二进制编码及其长度可以直接等效为编码曝光系统的模糊核。

正如图 2.26 所示单一方向运动模糊图像的数学模型,一维信号 k 和 l 之间相对移位叠加的过程相当于信号的卷积过程。当有长度为 n 的一维信号 l 产生位移时,与另一长度为 m 的信号 k 卷积过程就会产生长度为 $(n+m-1)$ 的模糊信号 B。若此时 k 为二进制编码,就会按照编码规律选择性地叠加一维信号 l 中的信息。

因此，编码曝光的成像过程与普通曝光时前后累积拖尾类似，是多个编码时隙内曝光图像的累积。

在图像复原中，将图像卷积操作变为乘积操作，将模糊核以主对角线方式向右下方移位构成类似托普利兹矩阵的形式，如图 5.1（a）所示。此时，目标投影到像平面上的模糊长度与码长相等。但事实上很难保证目标投影到像平面上的模糊长度与码长相等。若实际目标投影到像平面中的模糊长度较大，则利用上述模型将无法得到清晰复原图像。为了不改变原始一维信号 l 的频率信息，在信号 l 尾部添加了特定长度的零向量 $\boldsymbol{0}$，建立采集图像在空域内相对位移的改进数学模型，如图 5.1（b）所示。

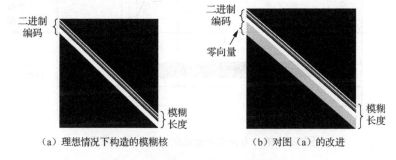

（a）理想情况下构造的模糊核　　　　　（b）对图（a）的改进

图 5.1　编码曝光模糊图像的模糊核构造

在复原过程中，该情况相当于实际目标投影到像平面中的模糊长度大于码长 m，需要在编码后补若干个"0"，使其与模糊长度相等，形成了长度为 $(n+r-1)$ 的模糊信号 $\boldsymbol{B}$，r 为补零后的模糊长度，如图 5.2 所示。此时，用于重构的模糊核根据模糊长度 r 向右下方移位构成的托普利兹矩阵形式如图 5.1（b）所示。

这里在编码后增加了零向量占位，主动造成目标在像平面中投影的图像位移。当增加零向量后，导致模糊核的长度变化，进而适应复原图像的尺寸变化。图像采集过程中，目标物体速度越快，图像中的像素位移量越大，则模糊图像中表现为模糊长度越大。

根据改进的数学模型，编码曝光模糊图像可以利用模糊核 $\boldsymbol{K}$ 解码复原。图 5.3 表示了同一编码曝光采集运动模糊图像，由于复原过程中使用的模糊长度不同，解码复原图像质量的差异较大。

在图 5.3 中，图（a）为清晰图像；图（b）为编码曝光模糊图像；图（c）和图（e）为模糊长度选择不当时复原的图像；图（d）为模糊长度准确估计 $r=31$ 时的复原图像。上述实验表明，不是所有的模糊长度均可以复原清晰图像。当目标物体在像平面内的移位与码长相等时，可以清晰地复原图像。但在一般情况下，当无外部速度测量装置辅助时，目标物体位移与码长完全相等是不现实的。

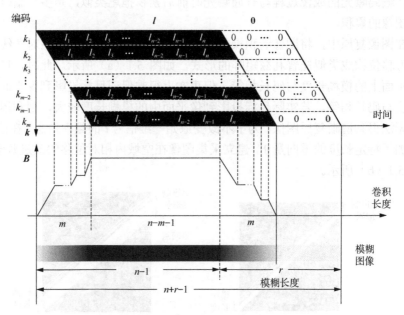

图 5.2　单一方向相对运动的模糊长度示意图

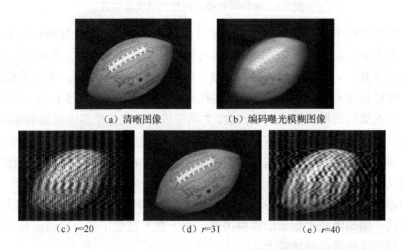

图 5.3　不同模糊长度下的复原图像

因此，不同的模糊长度构造的模糊核复原图像质量相差较大，可以通过评价解码重建图像质量的方式对模糊长度进行估计，从而获得质量最佳的复原图像。

5.3　时间编码曝光复原图像的评价指标

据 5.2 节所述，在二进制编码序列已知时，任一模糊长度均可以解码重建图像，但只有特定模糊长度可以做到图像的清晰复原。因此，可以利用不同模糊长度构建不同模糊核，获得该模糊核下对应的解码重建图像。将这些解码后的重建图像与采集的编码曝光图像进行比较和图像自然属性判别，以此来估计重建图像质量及其模糊长度。

如图 5.4 所示，由于编码曝光模糊图像是采集到的唯一信息，因此在不同模糊长度下结合预设编码构造所需模糊核，将编码模糊图像解码。在一系列解码重建图像中，仅有特定模糊长度解码的图像才是复原的清晰图像。

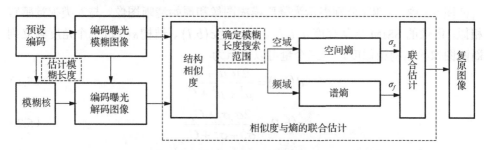

图 5.4　编码曝光复原图像相似度与熵的联合估计框图

σ_s 为图像空间熵所占权重；σ_f 为图像频域谱熵所占权重

为了搜索合适的模糊长度，采用试探法将解码图像与编码曝光模糊图像进行结构相似度对比，这个比较结果作为确定重建复原图像模糊长度的搜索范围。为了唯一确定复原图像及其模糊长度，这里使用了空间熵和谱熵进行联合估计。

熵是表示信息量的一个度量。当一个系统越有序，则该系统的信息熵就越低；反之，当这个系统越混乱，该系统的信息熵就越高[165,184]。这里利用空间熵计算搜索区间内图像像元之间灰度值的有序程度；同时，为了评判重建解码信号的平坦特性，利用离散余弦变换将信号变换至频域并计算其谱熵。通过调整空间熵和谱熵所占权重估计确定最优模糊长度，进而重建复原清晰图像。

5.3.1　解码图像的结构相似度

同一曝光编码和不同的模糊长度可以构成不同的模糊核，恢复重建解码图像的质量也并不相同。为了在众多重建解码图像中寻找到清晰的复原图像，将图像质量评价函数结构相似度（SSIM）作为比较依据，形成图像的高质量重建。

结构相似度评价是 Wang 等[160]在 2004 年提出的一种评价降质模糊图像与原始清晰图像相似程度的指标算法。图像的 SSIM 系统结构框图如图 5.5 所示。

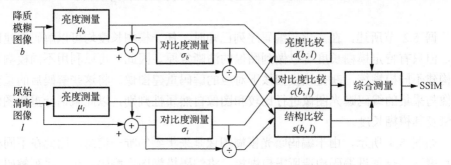

图 5.5   图像的 SSIM 系统结构框图

图 5.5 中，b 和 l 分别表示为降质模糊图像和原始清晰图像。与人类视觉感官相似，图像的 SSIM 将从亮度 $d(b,l)$、对比度 $c(b,l)$、结构 $s(b,l)$ 三个角度独立判断两图像的结构相似度。这三个量可以表示为

$$d(b,l) = \frac{2\mu_b\mu_l + C_1}{\mu_b^2 + \mu_l^2 + C_1} \tag{5.1}$$

$$c(b,l) = \frac{2\sigma_b\sigma_l + C_2}{\sigma_b^2 + \sigma_l^2 + C_2} \tag{5.2}$$

$$s(b,l) = \frac{\sigma_{bl} + C_3}{\sigma_b + \sigma_l + C_3} \tag{5.3}$$

式中，

$$\mu_b = \frac{1}{N}\sum_{i=1}^{N}b_i \tag{5.4}$$

$$\mu_l = \frac{1}{N}\sum_{i=1}^{N}l_i \tag{5.5}$$

$$\sigma_b^2 = \frac{1}{N-1}\sum_{i=1}^{N}(b_i - \mu_b)^2 \tag{5.6}$$

$$\sigma_l^2 = \frac{1}{N-1}\sum_{i=1}^{N}(l_i - \mu_l)^2 \tag{5.7}$$

$$\sigma_{bl} = \frac{1}{N-1}\sum_{i=1}^{N}(b_i - \mu_b)(l_i - \mu_l) \tag{5.8}$$

μ_b、μ_l 分别为 b 和 l 两图像像素的平均值；σ_b、σ_l 分别为 b 和 l 两图像的标准差；σ_{bl} 为 b 和 l 两图像的互相关函数；为了避免分子、分母存在为零的情况，定义了三个很小的正数，如 $C_1 = (P_1G)^2$，$C_2 = (P_2G)^2$，$C_3 = C_2/2$，G 为灰度图像的像素

值范围，如使用 8 位灰度图像，选取 $G = 255$、$P_1 = 0.01$、$P_2 = 0.03$ 为默认值。

降质模糊图像 b 和原始清晰图像 l 之间相似度函数可以表示为

$$S_{b,l} = d(b,l)^\alpha c(b,l)^\beta s(b,l)^\gamma \tag{5.9}$$

参数 α、β、γ 为调整 $d(b,l)$、$c(b,l)$、$s(b,l)$ 三个参数在式（5.9）中的所占比重。当 $\alpha = \beta = \gamma = 1$ 时，有

$$S_{b,l} = \frac{(2\mu_b\mu_l + C_1)(2\sigma_{bl} + C_2)}{(\mu_b^2 + \mu_l^2 + C_1)(\sigma_b^2 + \sigma_l^2 + C_2)} \tag{5.10}$$

式（5.10）表示了原始清晰图像和编码曝光模糊图像的结构相似度。$S_{b,l}$ 的取值范围为 $[0,1]$。$S_{b,l}$ 的值越大，说明两图像质量越相似。

然而，实际实验中无法获得清晰图像，编码曝光模糊图像是能够获得的唯一数据，可以通过不同的模糊长度获得对应重建图像。由于采集的编码曝光模糊图像来源于目标物体，可以通过重建图像与编码曝光模糊图像进行相似度评价。因此，将模糊图像 $\boldsymbol{B}$ 和编码曝光解码图像 $\boldsymbol{L}$ 的 SSIM 指数定义为 $S_{b,l}$。然而，模糊图像 $\boldsymbol{B}$ 是降质图像，用其评价解码图像 $\boldsymbol{L}$ 会造成 SSIM 指数的偏差，因此还需要计算图像的有序性，最终确定复原图像。

5.3.2 解码图像的熵

空间熵（spatial entropy）表征图像的有序化程度[185]，可以表示为

$$H = -\sum_{i=0}^{N} P_i \log_2 P_i \tag{5.11}$$

式中，N 代表图像灰度范围中的最大值；P_i 代表重建图像中灰度 i 的可能性。这种一维图像熵不能反映图像灰度分布的空间特征，需要引入图像的二维熵，这里借助特征图像的邻域灰度均值的空间分布：

$$H_s = -\sum_{i=0}^{N}\sum_{j=0}^{N} P_{ij} \log_2 P_{ij} \tag{5.12}$$

式中，$P_{ij} = f_{ij} / S^2$，f_{ij} 为特征二元组 ij 出现的频数，i 表示像素的灰度值，j 表示邻域灰度均值，S 为图像的尺度。

为了得到精确解，引入谱熵（spectral entropy）以便检测信号谱的平坦程度。当信号在空域内具有强相关性时，变换到频域表现为特定区域的集中汇聚，这里使用离散余弦变换（discrete cosine transform, DCT）将空域信号变换到频域。由于图像像素值为实数，则其离散余弦变换也为实数运算，其运算速度比傅里叶变换中的复数运算快[186]。

若信号 $f_c(x,y)$ 的离散余弦变换为 $\mathcal{F}_c(u,v)$，u,v 是广义频域变量，则归一化离散余弦变换系数为

$$\overline{\mathcal{F}_c(u,v)} = \frac{\mathcal{F}_c(u,v)^2}{\sum_u \sum_v \mathcal{F}_c(u,v)^2} \tag{5.13}$$

其谱熵可以表示为

$$H_f = -\sum_u \sum_v \overline{\mathcal{F}_c(u,v)} \log \overline{\mathcal{F}_c(u,v)} \tag{5.14}$$

自然图像是高度结构化的，未失真图像的图像熵具有一定的统计性，其像素之间存在着强烈的空间和频率的依存关系[187-188]，表征的是相邻像素间相关性结果，而当编码曝光解码重建图像不正确时将破坏这种内在相关性，导致局部相关特性改变。这些关系对于图像复原具有十分重要的意义。

当编码曝光复原图像接近原始图像时，大量的高频信息将组成有序的自然图像，该图像的信息熵将较低[189]；反之，没有复原正确时，大量的高频信息将夹杂在重建图像中，图像无序且不符合自然图像规律，该图像的信息熵比较高。根据图像的信息熵在重建图像的质量评价中辅助可以获得符合自然规律的复原图像。

在结构相似度比较确定的模糊长度搜索区间内，将重建解码图像利用空间熵与谱熵联合估计，按照所占比重得到优化的模糊长度，并利用该模糊长度和预设二进制编码确定最终复原图像的模糊核。

5.4　基于重建图像相似度与信息熵联合估计的时间编码曝光图像复原算法

利用 SSIM 方法只能找到与编码曝光模糊图像最为相似的重建图像，但该图像不一定是最有序的符合自然统计规律的图像。原始清晰图像一般应是有序自然图像，因此恢复重建图像亦将有序作为判别图像质量的指标。为避免单独使用 SSIM 带来的偏差，在这里引入信息熵。结合结构相似度确定与模糊图像最相似的图像范围，再寻找图像信息最有序者确定最终复原图像。

通过预置长度为 m 的二进制编码 k 和模糊长度 r 构建模糊核 K 。利用 $L = B / K$ 计算获得重建图像。计算模糊图像 B 和所有解码图像 L 的结构相似度 $S_{B,L}$ ，搜索最大值时的模糊长度 r_s ：

$$r_s = \arg\max_{r \in R} \left(S_{B,L}(r) \right) \tag{5.15}$$

式中，R 为模糊长度的搜索范围，再在结构相似度最大的图像附近的一定范围内确定图像信息熵的搜索区间 $r_{\text{s-opt}} \in [r_s - q, r_s + q]$ ，其中，q 为正整数且 $q \leqslant r_s$ 。在 $r_{\text{s-opt}}$ 范围内，按照式（5.12）和式（5.14）计算各解码图像的空间熵值及谱熵值：

$$H(r_{\text{s-opt}}) = \sigma_s H_s(r_{\text{s-opt}}) + \sigma_f H_f(r_{\text{s-opt}}) \tag{5.16}$$

式中，σ_s 为图像空间熵 H_s 所占权重；σ_f 为图像离散余弦变换系数的谱熵 H_f 所占权重。由于信息熵增大时，代表系统中的无序性和不规则性增强，当其减小时，系统有序且结构规则，因此取 $H\left(r_{s\text{-}opt}\right)$ 最小值，确定为最有序重建解码图像 L_{opt} 的模糊长度 r_{opt}：

$$r_{opt} = \arg\min_{r_{s\text{-}opt}}\left(H\left(r_{s\text{-}opt}\right)\right) \tag{5.17}$$

算法 5.1 总结了基于编码曝光的重建图像相似度与熵的联合估计算法步骤。

算法 5.1 基于编码曝光的重建图像相似度与熵的联合估计算法

输入：给定长度为 m 曝光二进制编码 k，采集编码曝光运动模糊图像 B。设定最优熵的搜索范围 $q = 10$；设定权重 $\sigma_s = 0.95$，$\sigma_f = 0.05$。

步骤：1 根据图 5.1 构造编码序列 k 和初始范围为 R 的模糊长度 r 的模糊核 $\bar{K}$；

2 While $r \in R$ do

　1）$\bar{L} = B / \bar{K}$；

　2）利用式（5.10）计算重建图像与模糊图像的相似度；

　3）$r = r + 1$；

3 End

4 利用式（5.15）得到结构相似度下的最优模糊长度 r_s；

5 While $r_s - q \leqslant r_{s\text{-}opt} \leqslant r_s + q$ do

　1）利用式（5.16）确定重建图像的空间熵值 $H\left(r_{s\text{-}opt}\right)$；

　2）$r_{s\text{-}opt} = r_{s\text{-}opt} + 1$；

6 End

7 利用式（5.17）确定 q 范围内的最优模糊长度 r_{opt}；

8 利用最优模糊长度 r_{opt} 和预置序列 k 重新构造模糊核 K；

9 采用逆滤波方法实现图像清晰复原 $L_{opt} = B / K$。

输出：最优模糊长度 r_{opt} 和清晰复原图像 L_{opt}。

5.5 基于时间编码曝光成像的模糊长度估计与图像复原实验

本节第一部分为编码曝光合成图像的仿真复原实验；第二部分为经典编码曝光图像复原方法的对比实验；第三部分为采用第 3 章设计的实验相机进行曝光编码图像的复原实验。所有复原实验均在英特尔 Core i7 处理器、双核 2.5GHz 的 CPU、8GB 内存的计算机上采用 MATLAB 2018a 执行完成。

5.5.1　时间编码曝光合成图像的仿真复原实验

为了测试编码曝光的重建图像相似度与熵的联合估计算法的有效性，首先进行合成编码曝光图像的仿真实验。在一幅清晰图像上用同一 31 位编码 1111111111111000010011101000111 和不同模糊长度的模糊核 K，设计了三种不同模糊核，模拟不同位移下的编码曝光复原实验，如图 5.6 所示，其中构造模糊核 K 利用图 5.2 中的方法构造，其行数为清晰图像 L 的列数 n，模糊核 K 的列数为 $w=(n+r-1)$，并将其与清晰图像相乘获得编码曝光模糊图像。

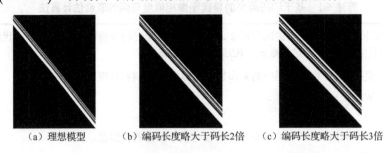

（a）理想模型　　（b）编码长度略大于码长2倍　　（c）编码长度略大于码长3倍

图 5.6　同一编码模拟不同模糊长度构造的模糊核

在理想情况下，运动目标投影到像平面内造成的像素移动与编码相等时的图像复原情况，如图 5.6（a）所示，但一般很难达到完全相等。一般情况下，当运动目标投影到像平面内造成的像素移动较大，且不为编码长度整数倍时，如模糊长度略大于码长的 2 倍，如图 5.6（b）所示，此时相当于原有的 1 位码字对应 2 位图像移动，即将原有 31 位码字的各位码字拉长为初始码字的 2 倍即 62 位码，且以补部分"零"的方式模拟图像采集情况。在构造该组实验时，利用了补零的方法，共补了 9 位零。若目标运动位移很大，如图 5.6（c）所示，造成像平面内的模糊长度略大于码长的 3 倍时，同样将各位码字拉长为初始码字的 3 倍，为 93 位码，其后补 7 位零。利用图 5.6（a）构造模糊核完成图像模糊过程，得到复原结果如图 5.7 所示。

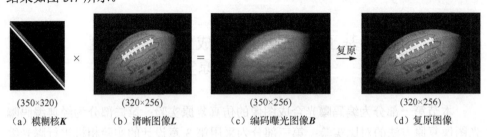

（350×320）　　（320×256）　　（350×256）　　（320×256）
（a）模糊核K　　（b）清晰图像L　　（c）编码曝光图像B　　（d）复原图像

图 5.7　模糊长度与码长相等时的图像复原实验

括号中数据为像素尺寸

模糊长度与码长相等时的模糊长度估计如图 5.8 所示，其中图 5.8（a）是解码图像分别与清晰图像、编码曝光图像的结构相似度曲线。与清晰图像的结构相似度比较发现，当模糊长度 $r=31$ 时，解码图像与清晰图像最相似，相似度达到 0.9460，即复原图像应利用模糊长度 $r=31$ 进行解码重建。

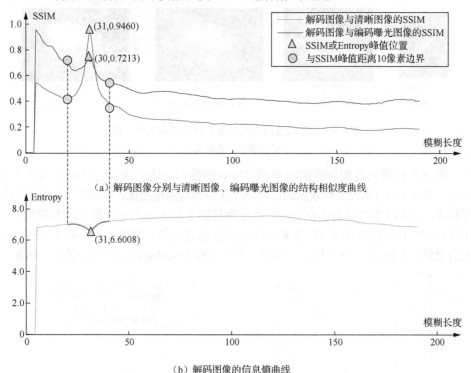

（a）解码图像分别与清晰图像、编码曝光图像的结构相似度曲线

（b）解码图像的信息熵曲线

图 5.8　模糊长度与码长相等时的模糊长度估计

此时，目标在像平面中的移位与码长相同，因此可以利用与码长一致的模糊长度获得清晰复原图像。在实际实验中，由于无法获得清晰图像，只能与模糊图像进行相似度比较。在模糊长度 $r \geqslant 20$ 后进行搜索，得到最相似的解码图像出现在 $r=30$ 处，为 0.7213。

需要说明的是，由于模糊长度 r 越小时，解码图像与采集到的模糊图像越近似，当极端情况 $r \to 0$ 时，即模糊长度趋近于 0，采集到的模糊图像即为解码图像，此时解码图像与模糊图像的 SSIM 值接近于 1。因此，当 $r \to 0$ 时，利用模糊图像的结构相似度进行图像对比时会出现虚假峰值，在图 5.8（a）实验中取码长 $r \geqslant 20$ 进行搜索的目的就是要回避 r 较小处的虚假峰值。图 5.8（b）表示解码图像的信息熵曲线，其中 [20,40] 是利用解码图像与模糊图像的 SSIM 值确定的，进而得到 $r=31$ 处为最有序图像。利用 $r=31$ 重建的解码图像即为复原图像。由于模糊长度在一定范围内连续变化，仅有唯一模糊长度的解码图像最接近清晰图像，为最优模糊长度。因此在这个最优模糊长度附近，其相似度数值近似为凸函数性质，如图 5.8（a）所示。以最优模糊长度的邻域为搜索范围，再由信息熵确定最有序图像。

若非理想情况，目标投影于像平面的编码长度约为码长 2 倍，利用图 5.6（b）中构造模糊核完成图像模糊过程并复原，如图 5.9 所示。

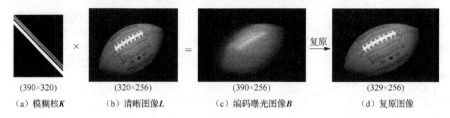

(390×320)　　　　(320×256)　　　　　(390×256)　　　　　(329×256)
（a）模糊核 K　　（b）清晰图像 L　　（c）编码曝光图像 B　　（d）复原图像

图 5.9　编码长度约为码长 2 倍时的图像复原实验
括号中数据为像素尺寸

图 5.9 的解码复原图像的结构相似度和图像信息熵的联合估计曲线如图 5.10 所示，其中图 5.10（a）所表示的是解码图像分别与清晰图像、编码曝光图像的相似度曲线，从曲线中可以看出在 $r=71$ 处分别得到了与上述两个图像的相似度峰值，在以 $r=71$ 为中心的正负 10 像素范围内搜索信息熵值，仍为 $r=71$ 处的解码图像熵值最低，如图 5.10（b）所示。因此，利用此模糊长度解码的图像为最有序图像。

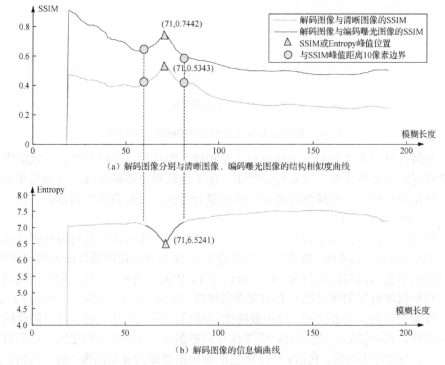

（a）解码图像分别与清晰图像、编码曝光图像的结构相似度曲线

（b）解码图像的信息熵曲线

图 5.10　模糊长度略大于码长 2 倍时的模糊长度估计

若目标在曝光过程中位移很大，导致投影于像平面的模糊长度略大于码长 3 倍，即像平面内 3 像素移动对应 1 位码字，利用图 5.6（c）构造模糊核完成图像生成过程，并利用结构相似度和图像信息熵的联合估计得到图 5.11 所示的复原结果，编码长度约为码长 3 倍时的模糊长度估计如图 5.12 所示。

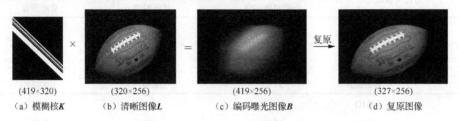

(419×320)　　(320×256)　　　(419×256)　　　　(327×256)

（a）模糊核 **K**　（b）清晰图像 **L**　（c）编码曝光图像 **B**　（d）复原图像

图 5.11　目标位移约为码长 3 倍时的图像复原实验

括号中数据为像素尺寸

图 5.12（a）为解码重建图像分别与清晰图像、编码曝光模糊图像的结构相似度曲线，从曲线中可以看出在 $r=101$ 处和 $r=100$ 处分别得到了与上述两个图像的相似度峰值，在 (100 ± 10) 像素范围内，搜索到在 $r=101$ 处的解码图像熵值最低，因此，利用模糊长度 $r=101$ 解码的图像为最有序图像。

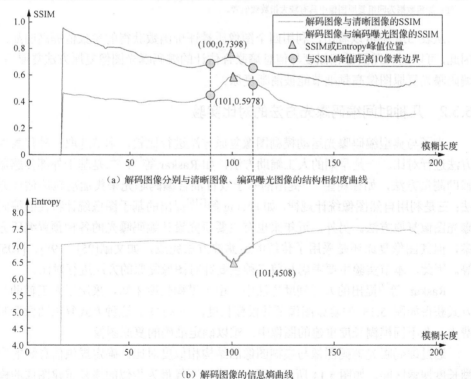

（a）解码图像分别与清晰图像、编码曝光图像的结构相似度曲线

（b）解码图像的信息熵曲线

图 5.12　模糊长度约为码长 3 倍时的模糊长度估计

图 5.7、图 5.9 和图 5.11 的图像质量评价指数如表 5.1 所示。

表 5.1　编码曝光仿真图像和复原图像的图像质量评价指数

对比实验组		图像质量评价指标/($\times 10^6$)		
		原始清晰图像	复原图像	观测图像
图 5.7	SMD	6.53	**6.32**	1.64
	SMD$_2$	17.84	**16.42**	1.25
	Energy	47.01	**45.20**	6.85
	Brenner	33.17	**26.86**	9.92
图 5.9	SMD	6.53	**3.80**	1.26
	SMD$_2$	17.84	**6.78**	0.63
	Energy	47.01	**26.13**	3.98
	Brenner	33.17	**22.35**	7.45
图 5.11	SMD	6.53	**3.02**	1.10
	SMD$_2$	17.84	**4.36**	0.43
	Energy	47.01	**19.83**	2.89
	Brenner	33.17	**19.08**	6.05

注：加粗数据为同组复原图像中具有较大指数数值者。

从表 5.1 中可以看出，利用四个图像质量评价函数获得的参数值提高明显。因此，可以证明经图像相似度与信息熵联合估计的编码曝光图像复原方法复原后，编码曝光复原图像高频细节能被清晰复原。

5.5.2　几种时间编码曝光方法的对比实验

为了与典型编码曝光运动模糊图像复原方法进行比较，本节选取三种代表性方法进行对比。一是早期的人工辅助方法，如 Raskar 等[7]；二是基于外部传感器辅助测量方法，如徐树奎[101]提出的基于双目混合编码曝光采集运动轨迹估计方法；三是利用自然图像统计规律，如 Huang 等[116]提出的基于图像统计特性的编码曝光图像复原方法。另外，近年来也有主要研究设计编码曝光的各种预置编码方案，但其图像复原还是采用了传统的逆滤波方法完成，如文献[95]～[98]、[105]等。因此，本节实验主要考虑与前三种主要针对图像复原的方法进行对比。

Raskar 等[7]提出的人工辅助方法中，由于模糊长度未知，采用了人工辅助的方式获得如图 5.13 的复原图像及其模糊长度，$r = 118$。这种方式复原图像费时费力，在不同模糊长度重建的图像中，难以确定准确的复原图像。

通过编码曝光解码图像与模糊图像的结构相似度对比，确定提供信息熵的模糊长度搜索区间，如图 5.14 所示。图中与模糊图像最为相似的恢复重建图像的模糊长度 $r = 118$，以该模糊长度为中心，确定信息熵的搜索区间为[108,128]。在该区间内，均认为与模糊图像结构相似，进而利用图像信息熵在这些图像中寻找有序图像，这里当 $r=117$ 时，重建图像最有序，如图 5.13（c）所示。

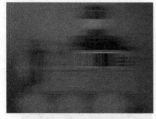

（a）文献[7]中的编码曝光模糊图像

（b）文献[7]中的复原图像

（c）本章方法复原图像

图 5.13　本章方法与文献[7]的复原图像对比一

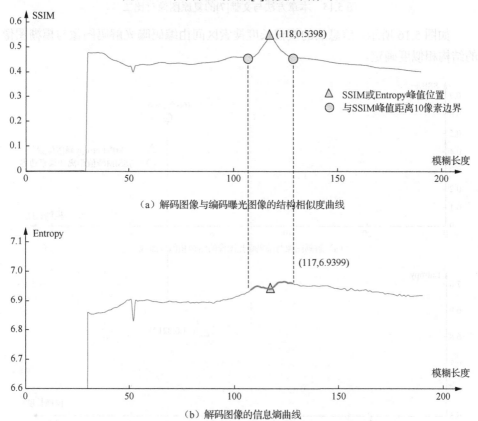
（a）解码图像与编码曝光图像的结构相似度曲线

（b）解码图像的信息熵曲线

图 5.14　图 5.13 复原图像的结构相似度和图像信息熵的联合估计

　　从图 5.13 中可以看出，相对于人工辅助方法，本章方法获得编码曝光复原图像的主观视觉质量与人工方法相当。相对于人工辅助方法，采用本章方法保证了复原图像质量，大幅度地提高了工作效率。

与图 5.13 的复原实验类似，图 5.15（a）是编码曝光模糊图像；图（b）是 Raskar 等[7]利用人工辅助方法获得的复原图像，此时该图像的模糊长度 $r = 60$；图（c）是本章方法获得的复原图像。

（a）文献[7]中的编码曝光模糊图像　　（b）文献[7]中的复原图像　　　（c）本章方法复原图像

图 5.15   本章方法与文献[7]的复原图像对比二

如图 5.16 所示，信息熵的模糊长度搜索区间由编码曝光解码图像与模糊图像的结构相似度确定。

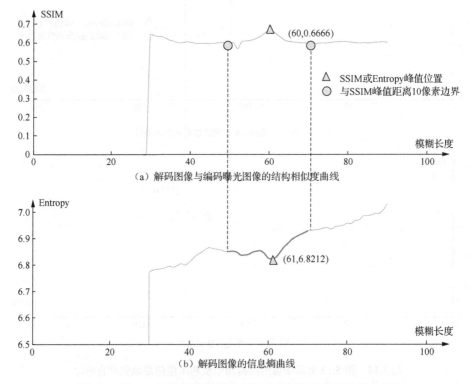

（a）解码图像与编码曝光图像的结构相似度曲线

（b）解码图像的信息熵曲线

图 5.16   图 5.15 复原图像的结构相似度和图像信息熵的联合估计

图 5.16（a）中，$r = 60$ 时的解码图像与模糊图像最为相似，因此当以该模糊长度为中心，确定信息熵的搜索区间为[50,70]。在该区间内，利用图像信息熵在这

些图像中寻找有序图像，当 $r = 61$ 时，信息熵最低，该模糊长度下的重建图像最有序，即为编码曝光图像的复原图像，如图 5.15（c）所示。

从图 5.13 和图 5.15 中可以发现，本章方法与 Raskar 等[7]利用人工辅助方法获得的复原图像质量相当，说明本章方法在无须人工干预下能够实现编码曝光图像正确复原的目标。

通过进一步研究，有学者提出图像的模糊长度可以通过外部辅助传感器得到。图 5.17 中的对照实验来源于徐树奎[101]提出的基于混合编码曝光采集运动模糊图像复原方法，该方法利用混合相机获得目标图像移动轨迹，进而估计模糊长度。

在图 5.17 中，图（a）是文献[101]中的编码曝光模糊图像；图（b）是文献[101]中的复原图像；图（c）是本章方法获得的复原图像。

（a）文献[101]中的编码曝光模糊图像

（b）文献[101]中的复原图像

（c）本章方法复原图像

图 5.17   本章方法与文献[101]的复原图像对比

图 5.17 复原图像的结构相似度和图像信息熵的联合估计曲线如图 5.18 所示，除 $r \rightarrow 0$ 外，结构相似度最大的模糊长度为 $r = 63$，以 $r = 63$ 为中心，确定信息熵的搜索区间为[53,73]；且当 $r = 63$ 时，信息熵最低，为最有序图像，该模糊长度重建图像为复原图像，如图 5.17（c）所示。

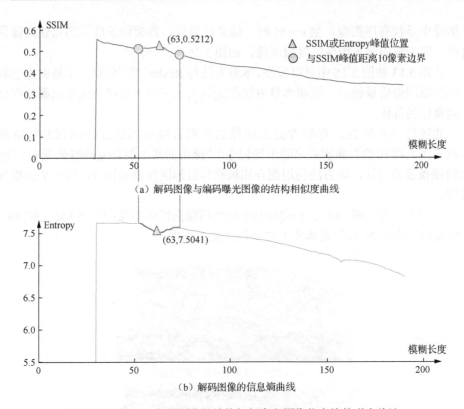

（a）解码图像与编码曝光图像的结构相似度曲线

（b）解码图像的信息熵曲线

图 5.18　图 5.17 复原图像的结构相似度和图像信息熵的联合估计

外部传感器辅助测量方法能够估计相机与目标的相对位移，进而估计图像采集过程中的模糊长度，给图像复原带来便利。与其相比，本章方法在节省外设的同时，能够复原与其质量相当的编码曝光复原图像。

另外，自然图像的频域能量特性是随着频率升高而降低，因此利用图像统计特性可以实现编码曝光模糊长度的估计及图像复原，图 5.19 中，图（a）是来源于 Huang 等[116]采集的编码曝光模糊图像；图（b）是文献[116]中的复原图像；图（c）是本章方法获得的复原图像。

（a）文献[116]中的编码曝光模糊图像

（b）文献[116]中的复原图像

（c）本章方法复原图像

图 5.19　本章方法与文献[116]的复原图像对比

利用本章方法，图 5.20（a）中，获得与运动模糊图像最相似的模糊长度为 $r=58$，故以 $r=58$ 为中心，确定信息熵的搜索区间为[48,68]。信息熵最低为 $r=57$ 处，为最有序图像。因此，利用该模糊长度重建图像为复原图像，如图 5.19（c）所示。

通过自然图像属性研究，可估计复原图像是否满足自然图像规律。而本章方法是利用解码图像的结构相似度与熵的联合估计方法，依据编码曝光图像与复原图像的相似性和复原图像自身有序性综合估计得到的结果，得到了与其视觉质量相近的主观判断结果。

目前，编码曝光模糊图像的复原主流方法是通过人工辅助或外部测量设备辅助来确定模糊长度，进而通过模糊长度和预置编码构造模糊核复原模糊图像。本章提出方法省去了人工选择干预或外部测量设备的使用时间。利用图像结构相似度和熵的联合图像复原算法进行估计，明显降低了设备的复杂度。

本章方法计算时间主要根据观测图像格式、位深、尺寸及模糊长度搜索区间等情况综合考虑。本节中，三个典型方法实验采用 bmp 格式、24 位深图像，编码曝光图像的像素尺寸依次为 830×614、699×188 和 569×207，模糊长度搜索区间均设定为[30,190]，算法平均每帧图像计算耗时分别为 0.25s、0.06s 和 0.05s。若使用 8 位深图像，计算速度将是 24 位深图像的 3 倍。故从复原每帧图像的运行时间来看，在不依赖外部设备测量参数、而完全依靠图像结构相似度和熵的联合图像复原算法下，其效率基本满足实时性检测。

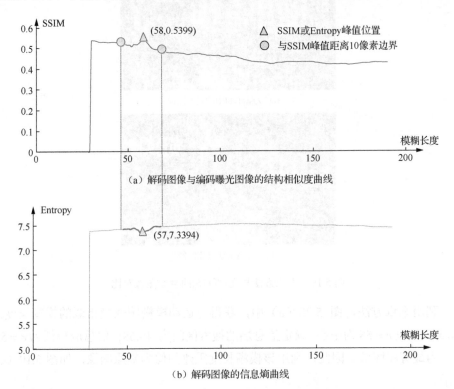

（a）解码图像与编码曝光图像的结构相似度曲线

（b）解码图像的信息熵曲线

图 5.20   图 5.19 复原图像的结构相似度和图像信息熵的联合估计

5.5.3   基于重建图像相似度与信息熵联合估计的时间编码曝光图像复原实验

本节利用第 3 章设计的编码曝光相机进行实验，使用的曝光编码选取 Agrawal 等[94]提出码长为 $m=31$ 位的二进制编码序列 1111111111111000010011101000111 。

目标在相机前做单一方向相对运动，相对速度较慢，在像平面内获得的模糊长度较短，编码曝光模糊图像如图 5.21 所示，其中图（a）为编码曝光模糊图像，其中图中文字可识别但模糊不清，图像底部不可识别，其局部放大图像如图（b）所示，经过本章方法复原后，得到图（c），其局部放大图像如图（d）所示。

根据本章方法，图 5.21（a）中目标移动较少，解码后图像的编码曝光图像的模糊长度估计如图 5.22 所示，确定最大 SSIM 值在模糊长度 $r=55$ 处，为 0.5685。

由于在该模糊长度附近的解码图像均与编码曝光图像相似，因此以该处为中心，左右各扩展 10 像素，在这个区间内搜索熵值最低值的图像即为最有序图像。

由于图 5.22（b）中最小信息熵为模糊长度 r=54 处的 6.7776，因此，复原图像应以模糊长度 r=54 为基础进行图像解码重建，该图像为与模糊图像相似且最有序的解码图像。以模糊长度 r=54 和预置编码重构模糊核，重建解码获得复原图像如图 5.21（c）所示，复原图像中"订书机""0427"等文字及订书机、订书钉等图案基本清晰可见。

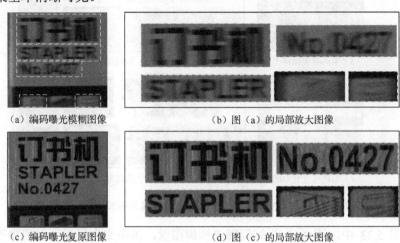

（a）编码曝光模糊图像　　　（b）图（a）的局部放大图像

（c）编码曝光复原图像　　　（d）图（c）的局部放大图像

图 5.21　目标移动较少时的编码曝光复原图像与编码曝光采集图像对比

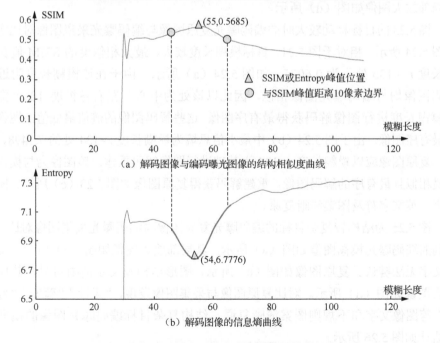

（a）解码图像与编码曝光图像的结构相似度曲线

（b）解码图像的信息熵曲线

图 5.22　目标移动较少时编码曝光图像的模糊长度估计

　　采用与图 5.21 相同的目标，以相对较快的速度经过相机，得到如图 5.23 所示的模糊长度较大图像的复原情况对比。

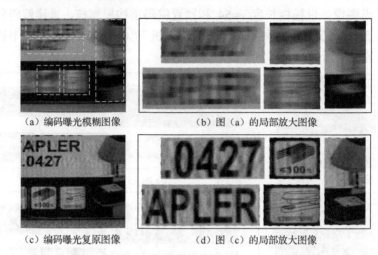

（a）编码曝光模糊图像　　　　　　　（b）图（a）的局部放大图像

（c）编码曝光复原图像　　　　　　　（d）图（c）的局部放大图像

图 5.23　目标移动较大时的编码曝光复原图像与编码曝光采集图像对比

　　图 5.23 中，图（a）为编码曝光模糊图像，图中文字可识别但模糊不清，图像不可识别，其局部放大图像如图（b）所示，图（c）为经过本章方法复原结果，其局部放大图像如图（d）所示。

　　图 5.23 的目标移动较大时的编码曝光复原图像与编码曝光采集图像对比实验如图 5.24 所示。相对于图 5.21，目标模糊长度较大，最大相似度的 SSIM 值在模糊长度 $r=135$ 处，为 0.6075，如图 5.24（a）所示。由于在该模糊长度附近的解码图像均与编码曝光图像相似，因此以该处为中心，左右各扩展 10 个像素的模糊长度进行图像解码获得最有序图像。这些解码图像的熵值最低值的图像即为最有序图像。由于图 5.24（b）中最小信息熵为模糊长度 $r=134$ 处的 7.1498，因此，复原图像应以模糊长度 $r=134$ 为基础进行图像解码重建，该图像为与模糊图像最相似且最有序的解码图像。重建解码获得复原图像如图 5.23（c）所示，图中数字、英文字符及图案清晰复原。

　　图 5.25 为结构较复杂目标的编码曝光复原图像与编码曝光采集图像对比，采集到的编码曝光模糊图像如图（a）所示，其局部放大图像如图（b）所示，细节及文字无法辨认。复原图像如图（c）所示，图形结构及文字清晰可见，其局部放大图像如图（d）所示。对比复原图像与采集图像发现，"果汁""营养""好滋味"等图像文字和不规则图案清晰复原。结构复杂目标编码曝光图像的模糊长度估计如图 5.26 所示。

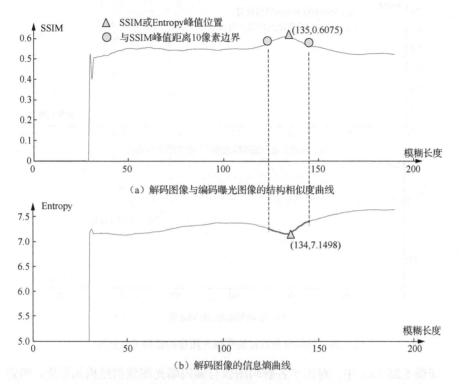

（a）解码图像与编码曝光图像的结构相似度曲线

（b）解码图像的信息熵曲线

图 5.24 目标移动较大时编码曝光图像的模糊长度估计

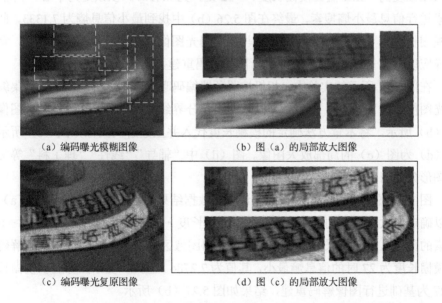

（a）编码曝光模糊图像

（b）图（a）的局部放大图像

（c）编码曝光复原图像

（d）图（c）的局部放大图像

图 5.25 结构较复杂目标的编码曝光复原图像与编码曝光采集图像对比

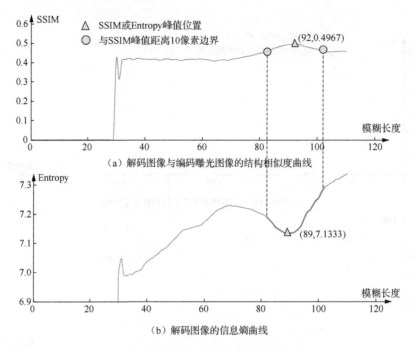

（a）解码图像与编码曝光图像的结构相似度曲线

（b）解码图像的信息熵曲线

图 5.26   结构复杂目标编码曝光图像的模糊长度估计

在图 5.26（a）中，对比了各解码图像与编码曝光图像的结构相似度，确定了最大相似度的 SSIM 值在模糊长度 $r = 92$ 处，为 0.4967。以该处为中心，相邻 10 像素进行信息最小熵搜索，最终在图 5.26（b）中找到最小信息熵为 7.1333，此时的模糊长度为 89。说明该解码图像与编码曝光图像最相似且最有序，因此，复原图像应以模糊长度 $r=89$ 为基础进行图像解码重建。

在图 5.27 所示的实验中，相机按照预置编码曝光，相机抖动情况下采集编码曝光图像如图 5.27（a）所示，其细节文字及分界线模糊不清，其局部放大图像如图（b）所示，将本章方法确定的模糊长度代入并重建解码图像如图（c）所示，图（d）为图（c）的局部放大图像。图（d）中"辅导""线性""理工科"等文字及图形分界清晰可见。

图 5.27 的编码曝光模糊长度估计实验数据结果如图 5.28 所示。从图（a）中可以确定最大相似度的 SSIM 值产生于模糊长度 $r = 28$ 处，为 0.4282。以（28±10）像素的范围认为是与采集模糊图像最相似的图像区间，这个区间内得到当解码图像模糊长度为 27 时的信息熵最小，其值为 7.2784。因此，复原图像应以模糊长度 $r=27$ 为基础进行图像解码重建，结果如图 5.27（b）所示。

（a）编码曝光模糊图像　　　　　　（b）图（a）的局部放大图像

（c）编码曝光复原图像　　　　　　（d）图（c）的局部放大图像

图 5.27　相机抖动时的编码曝光复原图像与编码曝光模糊图像对比

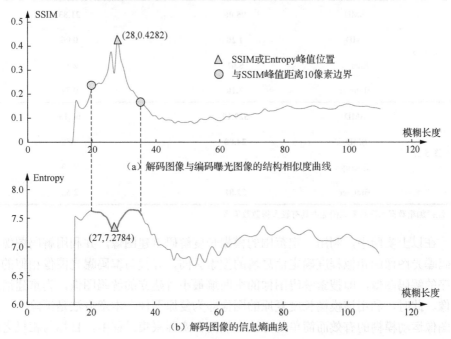

（a）解码图像与编码曝光图像的结构相似度曲线

（b）解码图像的信息熵曲线

图 5.28　相机抖动时编码曝光图像的模糊长度估计

为了客观评价本章方法在实际编码曝光模糊图像中的复原图像质量，仍采用四个图像质量评价函数作为评价指数进行复原图像质量评价。图 5.21、图 5.23、图 5.25 和图 5.27 的评价指数如表 5.2 所示。

表 5.2   编码曝光观测图像和复原图像的图像质量评价指数

对比实验组		图像质量评价指数/($\times 10^6$)	
		复原图像	观测图像
图 5.21	SMD	**44.01**	6.03
	SMD$_2$	**98.97**	1.79
	Energy	**363.79**	27.80
	Brenner	**291.20**	49.52
图 5.23	SMD	**31.53**	8.62
	SMD$_2$	**45.28**	2.52
	Energy	**246.03**	44.31
	Brenner	**263.25**	86.73
图 5.25	SMD	**95.06**	21.83
	SMD$_2$	**1.20**	0.06
	Energy	**5.01**	2.19
	Brenner	**5.10**	0.74
图 5.27	SMD	**529.17**	66.13
	SMD$_2$	**24.00**	0.38
	Energy	**73.17**	2.03
	Brenner	**52.81**	2.52

注：加粗数据为同组复原图像中具有较大指数数值者。

在以上实验中，利用一定范围的模糊长度解码重建图像，并利用解码图像与编码曝光图像的相似程度确定信息熵的搜索区间，寻找与编码曝光图像相似的最有序的解码图像，即搜索解码图像的空间熵最小者建立的解码图像，为重建清晰图像。此时，利用该模糊长度复原的图像即为复原图像。本章方法是消除单一方向图像运动模糊的有效而简单的方法。然而在实际采集过程中，目标与相机之间可能存在运动方向并不确定的情况，编码曝光图像需要结合更为复杂的图像后处理方法才能精确复原。

5.6 本章小结

本章建立了编码曝光图像的采集与复原的改进模型，该模型能够处理目标投影到像平面中的像素移动与码长不一致情况；提出了编码曝光重建图像的结构相似度与熵的联合估计模糊长度的方法；计算解码重建图像与编码曝光图像的结构相似度和自身的熵确定最优模糊长度的联合估计值，实现了模糊长度自动估计和图像复原；仿真实验和实际实验验证了方法的有效性。

6 基于 L_0 正则化的时间编码曝光图像复原方法

6.1 概　述

编码曝光方法从成像角度来提高图像采集和复原的能力。在图像生成阶段，编码曝光有选择地在成像过程中控制快门状态，可以在成像的开始阶段有目的地保留目标中的细节，结合后处理方法进一步帮助图像信息的有效复原。第 5 章研究了目标相对于相机在单一运动方向上编码曝光成像的复原方法，它是研究目标与成像系统之间复杂运动情况下的基础。在早期的研究中，由于假设运动模型为单一方向的相对运动，其模型相对简单，可直接用逆滤波复原图像。然而，在实际图像采集中，受到相机的抖动、目标运动的不确定性等因素的影响，单一运动方向的成像模型已不再适用。

Ding 等[114]将编码曝光扩展到普通运动模糊情况，利用自然图像频域幅值的统计规律，将局部编码曝光的模糊图像看成近似单一方向运动，实现了目标匀速运动、加速运动情况的复原。另外，也有通过增加外设测量目标的位移，实现编码曝光中运动模糊路径的确定。McCloskey 等[118]根据目标速度变化来修正编码曝光时隙间隔，以进行加速补偿，使之与加速运动对应，能够解决单一方向运动中的加速运动图像模糊，但此类方法需要外部测量物体瞬时移动速度和移动时间，增加了设备的运行成本。Tai 等[110]结合混合相机辅助完成移动路径的确定，但在应用前需要对相机进行精确标定，标定精度严重影响图像复原质量。Holloway 等[111]同样利用混合相机模型，采集了多帧视频图像进行实验，每一帧相当于编码曝光的一个时隙图像，同时使用高清相机拍摄并引入压缩感知技术解决了图像重建问题，但该种方法属于多帧合成图像，非单一图像复原，且计算量较大。

本章在无外部辅助装置估计运动参数的前提下，对编码曝光采集图像采用先进的图像后处理方法进行复原。近年来图像复原方法取得了较大进步，如边缘信息[17,22,30,32,190]、样本图像结构[31,37]、图像加权平均[38]、低秩先验[33-34]、暗通道[39,191]等自然图像先验信息约束的模糊核估计和图像复原方法。考虑到目标运动的随机性、运动模糊产生的复杂性，图像复原和模糊核估计较困难。由于编码曝光图像边缘梯度较普通曝光更强，更适合编码曝光图像边缘及运动轨迹的估计，因此本

章结合 L_0 范数，利用交替迭代更新图像和模糊核的盲复原方法，进行运动目标编码曝光图像的复原处理。

本章其余部分的结构安排如下：6.2 节对编码曝光运动模糊图像进行数学建模；在 6.2 节的基础上，6.3 节研究一般运动情况下编码曝光图像重建复原方法；6.4 节分别进行了编码曝光的仿真图像、实际采集图像的复原实验；6.5 节对本章进行了小结。

6.2 时间编码曝光运动模糊图像模型

普通曝光运动目标成像时快门始终打开，相当于一个低通滤波器，损失了目标高频信息；而编码曝光快门在相同的曝光时间内按照二进制编码逻辑打开或者关闭，其通频带随着编码频率提高而展宽，保留了较多的图像信息，尤其是表示图像细节的高频信息。以目标相对于相机做水平运动为例，对比普通曝光和编码曝光二者的成像差异，如图 6.1 所示。

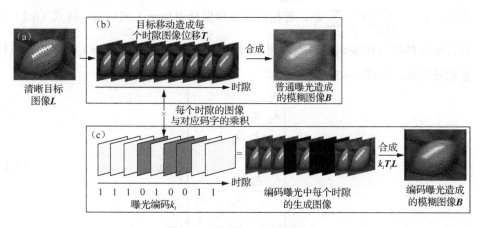

图 6.1 编码曝光成像模型

图 6.1 中，图（a）为清晰目标图像；图（b）和图（c）分别为仿真合成的普通曝光图像和编码曝光图像。编码曝光将一个完整的曝光时间分成了若干时隙，各时隙沿着时间轴表示。编码曝光就是控制这些时隙是否曝光并决定最终成像的过程。由于目标与相机的相对移动，各个时隙采集到的图像均不同。若用二进制编码曝光表示该成像过程，则由 "1" 和 "0" 组成的序列来控制时隙是否曝光。普通曝光可以看作是码字为全 "1" 的特殊编码曝光方式。

因此，可以用普通曝光与特定编码相乘构成编码曝光模式来建立数学模型，如图 6.1 所示。快门按照编码时序通断变化，若码字为"1"（ $k_i = 1$ ），表示快门打开，该时隙成像；若码字为"0"（ $k_i = 0$ ），则快门关闭，该时隙不成像。由于物体运动，原图像 L 在第 i 个快门时隙曝光时相对于原图像位移矩阵为 T_i ，若码长为 m ，则编码曝光图像 B 由 m 个移位图像叠加构成，可用式（6.1）表示：

$$B = \frac{1}{\sum_{1 \le i \le m} k_i} \sum_{1 \le i \le m} k_i T_i L + \eta \qquad (6.1)$$

式中， B 代表叠加后的模糊图像； η 代表系统噪声； m 代表码长，即时隙数目； k_i 代表第 i 个时隙是否曝光， $i \in [1, m]$ 。

从单个像素积累光生电荷的角度看，电荷累积由普通曝光情况下随曝光时间线性增加变为随编码曝光快门打开时线性增加、快门闭合时保持不变的情况，从而形成随编码变化而阶梯上升的电荷累积状态，如图 6.2 所示。

为了从编码曝光图像中恢复清晰的图像，将式（6.1）中的模型转换为

$$B = \frac{1}{\sum_{1 \le i \le m} k_i} \sum_{1 \le i \le m} k_i T_i L + \eta = K'L + \eta \qquad (6.2)$$

式中， $K' = \sum_{1 \le i \le m} k_i T_i \bigg/ \sum_{1 \le i \le m} k_i$ 。若相机和目标做相对单一方向运动，将式（6.2）中的目标位移等效在编码位移中，利用码长为 m 的二进制编码 $k = k_1 k_2 \cdots k_m$ 构成托普利兹矩阵，如式（6.3）所示：

$$B = \underbrace{\begin{bmatrix} k_1 & & & & \\ k_2 & k_1 & & & \\ \vdots & k_2 & k_1 & & \\ k_m & \vdots & k_2 & \vdots & \\ & k_m & \vdots & \vdots & k_1 \\ & & k_m & & k_2 \\ & & & \ddots & \vdots \\ & & & & k_m \end{bmatrix}}_{K'} L + \eta \qquad (6.3)$$

式（6.3）也可以用模糊核与图像的卷积表示，如式（2.9）卷积形式所示，式（6.3）与式（2.9）二者的等效关系如图 6.3 所示。

以上是以目标与相机之间做单一方向运动时的编码曝光成像模型，在实际图像采集过程中，目标相对于相机可能有任意方向的运动。由于任意方向运动可以看作是单一方向运动的线性组合，因此，上述等价关系也适用于任意运动情况下的编码曝光成像模型。

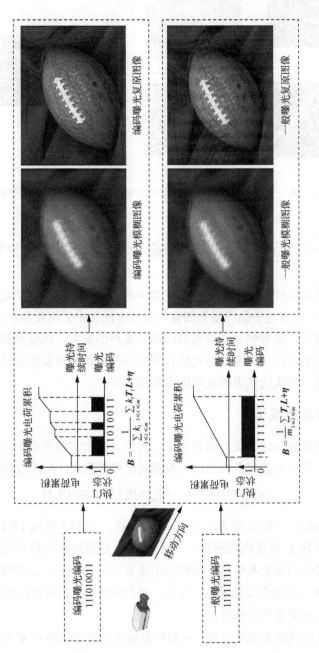

图 6.2　普通曝光和编码曝光图像中像元电荷累积成像示意图

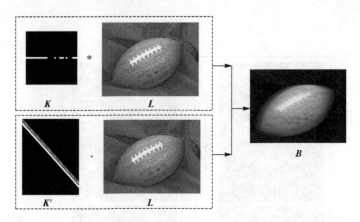

图 6.3 单一方向运动模糊图像过程中的卷积形式与乘法形式的等价关系

6.3 基于 L_0 正则化的时间编码曝光模糊图像的复原算法

编码曝光成像较好地保留了原始图像中的高频信息,为高质量恢复图像提供了条件。然而,现有关于编码曝光图像的复原方法大多采用反卷积图像处理方法,需要已知模糊核,反卷积在复原图像时易受噪声的影响,图像恢复的质量尚需改善。因此,本节采用同时交替迭代估计图像和模糊核的盲复原方法,建立图像的复原模型,通过多次迭代求解复原图像和模糊核。

6.3.1 图像复原模型

成像系统导致图像降质的因素未知,因此,仅由实际采集到的图像反演计算重建图像是一个严重的病态问题。一般降质图像采用式(6.4)来复原[19]:

$$\underset{L,K}{\arg\min}\left(\|L*K-B\|_p + \rho_L(L) + \rho_K(K)\right) \tag{6.4}$$

式中,p 是范数,一般采用 L_0、L_1 或 L_2 等范数;$\rho_L(L)$ 和 $\rho_K(K)$ 是对潜在清晰图像 L 和模糊核 K 的正则项约束;$\|L*K-B\|_p$ 是通用数据拟合项,表示原始清晰图像 L 经过编码曝光系统后,与观测图像 B 之间的差异。由观测图像估计的模糊核 K 越准确,该拟合项就越小。反之,拟合项越小,说明估计的模糊核 K 越准确,由此复原的图像质量越好。

对于运动图像的去模糊复原,一般均需要交替迭代模糊核 K 和潜在清晰图像 L。基于文献[22],本章重建编码曝光运动模糊图像的目标函数:

$$\underset{L,K}{\arg\min}\left(\|L*K-B\|_2^2 + \alpha\|\nabla L\|_0 + \gamma\|K\|_2^2\right) \tag{6.5}$$

式中，$\left\| L * K - B \right\|_2^2$ 是基于 L_2 范数设计的数据拟合项；∇L 表示图像梯度；$\left\| K \right\|_2^2$ 是模糊核 K 的正则项；α 和 γ 是正则项的调节系数。

图像梯度可以表示图像的边缘特性，图像清晰则边缘清晰。图 6.4 表示了编码曝光模糊图像与一般曝光模糊图像边缘之间的区别，图（a）为清晰图像，图（b）为编码曝光模糊图像，图（c）为普通曝光模糊图像。清晰图像的边界锐利，图像梯度对比度强，如图（d）所示；而模糊图像的边沿有过渡模糊带，存在假边界效应，见编码曝光模糊图像的梯度 [图（e）] 和普通曝光模糊图像的梯度 [图（f）]。

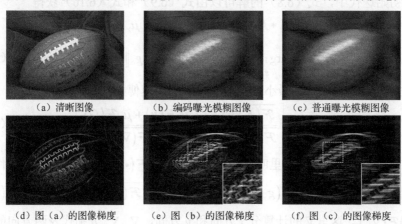

（a）清晰图像　　　　　　　（b）编码曝光模糊图像　　　　　　（c）普通曝光模糊图像

（d）图（a）的图像梯度　　　　（e）图（b）的图像梯度　　　　（f）图（c）的图像梯度

图 6.4　清晰图像、编码曝光模糊图像与普通曝光模糊图像及其图像梯度

对比图 6.4（e）和图（f），编码曝光是间断非连续曝光、是依据曝光编码将原本连续的模糊带有序分割，因此编码曝光成像方式采集的图像边缘梯度更明显，高频信息保存更好，更适合利用边缘进行求解，如图（e）和图（f）的特征区域所示。因此，这里使用 L_0 正则项约束就是能够更好地重建图像的边缘。

式（6.5）中的参数估计可以通过求解最小能量函数获得，但是图像梯度的 L_0 范数一般不连续，导致求解 L_0 最小化问题是个 NP 困难问题。通过引入变量分裂法，可以将一个优化问题松弛为两个二次规划问题，获得二次优化函数的闭式解。因此，求解式（6.5）时，可以交替迭代模糊核 K 和清晰图像 L 以便获得最优值。

$$\underset{L}{\arg\min}\left(\left\| L * K - B \right\|_2^2 + \alpha \left\| \nabla L \right\|_0 \right) \tag{6.6}$$

$$\underset{K}{\arg\min}\left(\left\| L * K - B \right\|_2^2 + \gamma \left\| K \right\|_2^2 \right) \tag{6.7}$$

6.3.2　图像的更新求解

对于潜在清晰图像的估计过程可以分为图像解卷积和模糊核估计两个过程。

通过模糊核 K 解卷积编码曝光图像 B 来重建图像 L。同时，根据重建图像 L，求解模糊核 K。二者交替迭代进行计算。首先，假设 K 已知，利用变量分裂法将式（6.6）变为

$$\underset{L,u,g}{\arg\min}\left(\left\|L*K-B\right\|_2^2+\mu_1\left\|L-u\right\|_2^2+\mu_2\left\|\nabla L-g\right\|_2^2+\alpha\left\|g_0\right\|\right) \qquad (6.8)$$

式中，u,g 为引入的辅助变量，其初始值均为 0；μ_1,μ_2 为惩罚参数。可以通过固定某个变量的方式，交替求解变量 L,u,g。

在初始迭代中，式（6.8）的解可以由式（6.9）和式（6.10）获得

$$\underset{L}{\arg\min}\left(\left\|L*K-B\right\|_2^2+\mu_1\left\|L-u\right\|_2^2+\mu_2\left\|\nabla L-g\right\|_2^2\right) \qquad (6.9)$$

$$\underset{g}{\arg\min}\left(\mu_2\left\|\nabla L-g\right\|_2^2+\alpha\left\|g_0\right\|\right) \qquad (6.10)$$

其中，式（6.9）可以通过最小二乘的闭式解的快速傅里叶变换获得，为

$$L=\mathcal{F}^{-1}\left[\frac{\overline{\mathcal{F}(K)}\mathcal{F}(B)+\mu_1\mathcal{F}(u)+\mu_2\mathcal{F}(G)}{\overline{\mathcal{F}(K)}\mathcal{F}(K)+\mu_1+\mu_2\overline{\mathcal{F}(\nabla)}\mathcal{F}(\nabla)}\right] \qquad (6.11)$$

式中，$\mathcal{F}(\bullet)$ 和 $\mathcal{F}^{-1}(\bullet)$ 为傅里叶变换对；$\overline{\mathcal{F}(\bullet)}$ 为 $\mathcal{F}(\bullet)$ 的复共轭变换；∇ 代表一阶梯度；$\mathcal{F}(G)=\overline{\mathcal{F}(\nabla_x)}\mathcal{F}(g_x)+\overline{\mathcal{F}(\nabla_y)}\mathcal{F}(g_y)$；$\overline{\mathcal{F}(\nabla)}\mathcal{F}(\nabla)=\overline{\mathcal{F}(\nabla_x)}\mathcal{F}(\nabla_x)+\overline{\mathcal{F}(\nabla_y)}\mathcal{F}(\nabla_y)$。这里 ∇ 的计算分 x 方向和 y 方向，∇_x,∇_y 分别代表两方向的微分算子。

根据 Xu 等[18]提出求解 L_0 正则化最小化方法，将辅助变量的限制条件

$$u=\begin{cases} L, & |L|^2\geqslant\dfrac{\alpha}{\mu_1}, \\ 0, & \text{其他} \end{cases} \qquad g=\begin{cases} \nabla L, & |\nabla L|^2\geqslant\dfrac{\alpha}{\mu_2} \\ 0, & \text{其他} \end{cases} \qquad (6.12)$$

代入式（6.11）中，获得复原图像 L。

6.3.3　模糊核的求解

根据迭代法重建的图像 L 来估计模糊核 K。为得到精确解，利用图像梯度计算目标函数：

$$\underset{K}{\arg\min}\left(\left\|L*K-B\right\|_2^2+\gamma\left\|K\right\|_2^2\right) \qquad (6.13)$$

求解后得到估计的模糊核为

$$K=\mathcal{F}^{-1}\left[\frac{\overline{\mathcal{F}(\nabla L)}\mathcal{F}(\nabla B)}{\overline{\mathcal{F}(\nabla L)}\mathcal{F}(\nabla L)+\gamma}\right] \qquad (6.14)$$

上述图像的重建过程分为核估计和图像估计两个过程，给定初始模糊核，利

用初始模糊核和模糊图像梯度先验获得每个模糊核尺度下的最小化能量函数中的潜在图像；再通过模糊核估计获得新的模糊核，进行下一轮的图像迭代。模糊核估计和图像更新算法如算法 6.1 所示。

算法 6.1　基于 L_0 正则化的编码曝光复原算法

输入： 通过编码曝光方式获取模糊图像 B，设定模糊核的最大长度为 S，模糊核 K 初始长度 $s=3$，初始估计参数 α，γ，$\mu_1=2\alpha$，$\mu_2=2\alpha$。

步骤： 1　在 $s<S$ 确定的范围内，通过式（6.14）迭代获得模糊核 K；

   2　While $\mu_1 \leqslant \mu_{1\max}$　do

    1）While $\mu_2 \leqslant \mu_{2\max}$　do

     （1）由式（6.12）的限制条件，获得 u，g；

     （2）将 u，g 和 K 代入式（6.11）获得迭代图像 L；

     （3）$\mu_2=2\mu_2$；

    2）End

    3）$\mu_1=2\mu_1$；

   3　End

   4　$s=\sqrt{2}s$；

   5　$\alpha=\max\{\alpha/1.1, 0.0004\}$；

   6　若 $s \geqslant S$ 停止迭代。

输出： 模糊核 K 和清晰图像 L。

6.4　基于 L_0 正则化的时间编码曝光图像复原实验

6.4.1　仿真合成时间编码曝光图像的复原实验

为了与普通曝光模式对比，本节采用仿真方法分别合成普通成像与编码曝光图像，两种方法设置参数保持一致，其中参数 $\alpha=0.004$，$\mu_{1\max}=2^3$，$\mu_{2\max}=10^5$，$\gamma=2$。本章所有实验均在英特尔 Core i7 处理器、双核 2.5GHz 的 CPU、8GB 内存的计算机上运行，算法采用 MATLAB 2018a 执行。

这里仍使用 Agrawal 等[94]提出的 31 位近似最优编码进行图像合成，即利用码字 $k=1111111111111000010011101000111$ 作为曝光码字控制预置到相机快门。按照图 6.1 的合成方式将清晰图像按照不同运动形式移位叠加后，合成运动模糊图像。图 6.5 为单一方向运动下，按照曝光编码规律合成仿真编码曝光模糊图像复原比较实验；图 6.6 是以旋转运动方式合成的编码曝光模糊图像复原比较实验；图 6.7 为任意运动情况下，以曝光编码规律合成的仿真图像复原比较实验。普通曝光模式相当于全 "1" 的编码曝光，在全部移动范围内有 $k_i = 1$，而编码曝光是剔除码字中为 "0" 的时隙图像。

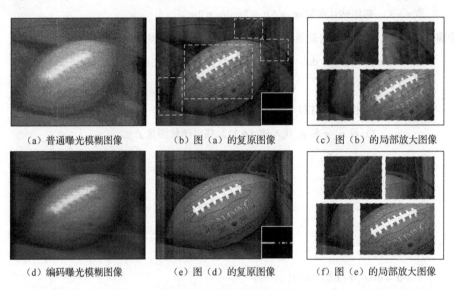

（a）普通曝光模糊图像   （b）图（a）的复原图像   （c）图（b）的局部放大图像

（d）编码曝光模糊图像   （e）图（d）的复原图像   （f）图（e）的局部放大图像

图 6.5　单一方向运动下普通曝光模糊图像和编码曝光模糊图像复原结果比较

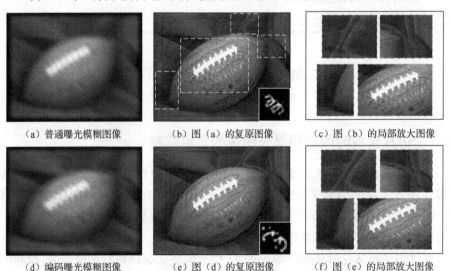

（a）普通曝光模糊图像   （b）图（a）的复原图像   （c）图（b）的局部放大图像

（d）编码曝光模糊图像   （e）图（d）的复原图像   （f）图（e）的局部放大图像

图 6.6　旋转运动下普通曝光模糊图像和编码曝光模糊图像复原结果比较

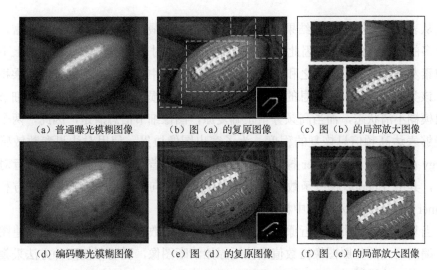

（a）普通曝光模糊图像　　（b）图（a）的复原图像　　（c）图（b）的局部放大图像

（d）编码曝光模糊图像　　（e）图（d）的复原图像　　（f）图（e）的局部放大图像

图 6.7　任意运动下普通曝光模糊图像和编码曝光模糊图像复原结果比较

图 6.5～图 6.7 是利用清晰图像合成的编码曝光和普通曝光的模糊图像。将上述两种方式采集的模糊图像复原重建，从中可以看出，图（b）的普通曝光复原图像均不如图（e）的编码曝光复原图像清晰，阶梯效应和振铃效应相对明显。为了客观衡量编码曝光复原图像和普通曝光复原图像质量，本章同样采用图像质量评价指数函数进行复原图像的清晰度评价，如表 6.1 所示。

表 6.1　编码曝光和普通曝光的仿真合成图像复原质量评价指数

对比实验组		图像质量评价指数/($\times 10^5$)				
		原始清晰图像	复原图像		观测图像	
			编码曝光	普通曝光	编码曝光	普通曝光
图 6.5	SMD	6.53	**6.18**	3.24	1.24	1.21
	SMD_2	17.84	**15.57**	4.59	0.87	0.62
	Energy	47.01	**43.82**	21.78	5.56	4.62
	Brenner	33.17	**32.04**	22.12	9.01	8.16
图 6.6	SMD	6.53	**4.16**	3.79	1.33	1.24
	SMD_2	17.84	**6.92**	6.06	0.65	0.56
	Energy	47.01	**26.85**	24.06	4.91	4.11
	Brenner	33.17	**27.47**	26.39	10.6	9.52
图 6.7	SMD	6.53	**6.14**	5.02	1.80	1.42
	SMD_2	17.84	**16.01**	12.80	2.93	1.69
	Energy	47.01	**44.18**	36.17	8.73	6.06
	Brenner	33.17	**33.16**	30.83	9.81	7.77

注：加粗数据为同组复原图像中具有较大指数数值者。

从表 6.1 的数据比较结果可以看出，原始图像最清晰、频率信息最丰富，涵盖更多的灰度变化细节，因此加入了与清晰图像的对比。SMD 表示图像中上下相邻像素灰度值差的绝对值之和，而 SMD_2 表示图像中纵横两方向像素差的乘积之和，该类指数表征高频信息的多少。由于高频分量损失，在运动图像中的细节呈现出模糊不清状态，而当高频分量正确复原，图像细节信息清楚，因此，两个指数能够表达高频信息恢复的程度。为了突出图像边界，使用对边界参数敏感的 Energy 梯度函数和 Brenner 梯度函数对编码曝光和普通曝光的复原图像进行对比评价，其中 Energy 梯度函数表示图像中纵横两方向的相邻两像素差的平方和；Brenner 梯度函数表示图像中相隔像素差的平方和。

当复原图像的质量接近原始图像时，其评价指数也最为接近。复原重建图像中，编码曝光的复原图像指数值最接近原始清晰图像，说明即使两种方法采集的图像均有运动模糊，但编码曝光的模糊图像比普通曝光模糊图像包含更多的高频信息，并在后续复原阶段得以正确复原。

6.4.2　实际采集时间编码曝光图像的复原实验

编码曝光成像实验采用第 3 章设计的相机进行，其中图像传感器采用 ICX204AL 芯片，该 CCD 图像传感器的图像分辨率为 1024×768，实验中采用的镜头焦距为 12 mm，曝光编码同样选择上述 31 位编码。

首先利用编码相机采集编码曝光模糊图像，利用本章图像复原算法进行重建。目标物体与相机做相对运动，其中图 6.8 为单一方向非匀速运动；图 6.9 为快速运动；图 6.10 为任意运动；图 6.11 为镜头轻微抖动。

图 6.8 所示实验为相机与目标相对做单一方向非匀速运动的编码曝光图像采集实验。图（a）为利用编码相机采集编码曝光模糊图像，其中细节的局部放大图像如图（b）所示；图（c）为利用本章方法得到的复原图像，估计的模糊核与运动方向一致，其中细节的局部放大图像如图（d）所示，从复原图像中可以看出，车侧面图案及文字、前部及顶部车窗、车前灯等基本清楚，图像细节基本复原。

图 6.9 所示实验为目标物体快速在相机前移动情况下的编码曝光图像采集实验，图（a）为利用预置 31 位曝光编码的编码曝光相机采集的运动模糊图像，其局部放大图像如图（b）所示；利用本章方法得到的复原图像如图（c）所示，其局部放大图像如图（d）所示，"TYPE""CODE""1000PCS""RECTIFIER"等恢复良好，可读性增强。

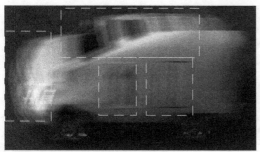

（a）编码曝光模糊图像

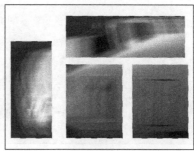

（b）图（a）的局部放大图像

（c）本章方法复原图像

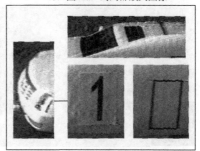

（d）图（c）的局部放大图像

图 6.8　单一方向非匀速运动编码曝光模糊图像及其复原图像

（a）编码曝光模糊图像

（b）图（a）的局部放大图像

（c）本章方法复原图像

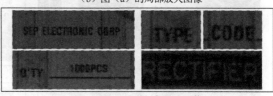

（d）图（c）的局部放大图像

图 6.9　快速运动下编码曝光模糊图像及其复原图像

　　图 6.10 所示实验为相机与目标相对任意运动的编码曝光图像采集实验。图（a）为利用预置 31 位曝光编码的编码曝光相机采集的运动模糊图像，其局部放大图像如图（b）所示；图（c）为利用本章方法得到的复原图像，其局部放大图像如图（d）所示，估计的模糊核中包含了编码曝光断续的特征，复原后图中"嵌入式图像""学位论文"等中文文字和"Image Acquisition"等英文字符明显，抑制振铃效果较好。

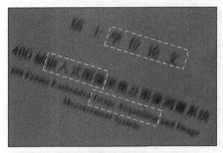

（a）编码曝光模糊图像

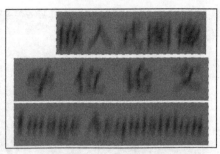

（b）图（a）的局部放大图像

（c）本章方法复原图像

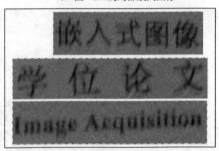

（d）图（c）的局部放大图像

图 6.10　任意运动下编码曝光模糊图像及其复原图像

图 6.11 所示实验为相机轻微抖动情况下的编码曝光图像采集实验，图（a）为利用预置 31 位曝光编码的编码曝光相机采集的运动模糊图像，由于相机快速折返运动，其局部放大图像如图（c）所示；图（b）为本章方法复原结果，其局部放大图像如图（d）所示，眼镜、唇、耳等特征恢复明显。

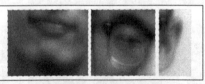

（c）图（a）的局部放大图像

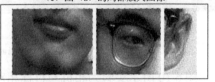

（d）图（b）的局部放大图像

（a）编码曝光模糊图像　　（b）本章方法复原图像

图 6.11　轻微抖动下编码曝光模糊图像及其复原图像

与 6.4.1 节的仿真编码曝光图像复原的图像质量评价相似，实际编码曝光采集图像的复原也通过图像质量评价函数进行评价。但是由于实际采集图像只有编码曝光模糊图像，只能对编码曝光模糊图像及其复原图像进行图像质量评价，图 6.8～图 6.11 的评价指数如表 6.2 所示。

从表 6.2 中可以看出，各评价函数获得的参数值提高明显。因此，可以认为经本章方法复原后，采集编码曝光模糊图像高频细节清晰复原。诚然，由于运动目标模糊图像复原问题的病态性，真实完整恢复原始图像是不可能的，从复原图像中也可以看出有部分伪影，但对整体图像的恢复而言，图像复原方法克服了目标运动的模糊，使得图像特征明显增强。

表 6.2　实际采集编码曝光图像复原的质量评价指数

对比实验组		图像质量评价指数/($\times 10^6$)	
		复原图像	观测图像
图 6.8	SMD	**2.04**	0.41
	SMD_2	**3.68**	0.21
	Energy	**16.55**	1.49
	Brenner	**15.59**	3.62
图 6.9	SMD	**2.82**	1.67
	SMD_2	**1.65**	0.46
	Energy	**14.61**	8.35
	Brenner	**19.75**	14.50
图 6.10	SMD	**2.57**	0.83
	SMD_2	**2.28**	0.13
	Energy	**16.50**	4.83
	Brenner	**16.24**	7.16
图 6.11	SMD	**1.83**	0.56
	SMD_2	**2.01**	0.16
	Energy	**11.53**	2.54
	Brenner	**11.47**	2.79

注：加粗数据为同组复原图像中具有较大指数数值者。

由于编码曝光图像中包含了大量高频信息，相对地增强了图像梯度，更适合 L_0 正则化图像复原。本章在实现交替更新复原的算法上采用了 Pan 等[22]的方法，不同的是文献[22]针对普通图像复原，而本章针对编码曝光图像复原，二者虽然解决的问题不同，但求解算法相同，因此二者效率相当。

6.5 本 章 小 结

本章采用了编码曝光成像模式，在成像过程中相比于普通成像模式保留了更多的图像信息，尤其是图像的高频信息，为后续恢复高质量的图像提供了保证。在图像复原中，本章基于图像梯度 L_0 正则化完成编码曝光图像的重建，该方法既在编码曝光成像中保留了高频信息，又在图像复原中融合了自然图像梯度先验所形成的 L_0 正则化约束，实现了编码曝光模糊图像的盲恢复，获得了高质量的清晰图像。

7 基于极端先验的时间编码曝光图像复原方法

7.1 概　　述

　　编码曝光方法是为解决图像采集过程中的频带限制和运动模糊图像复原设计的。基于第 6 章 L_0 正则化的编码曝光方法研究思路，本章从图像成像生成和图像后处理两个方面共同解决图像的复原问题。

　　（1）在图像生成时，利用编码曝光方式采集运动模糊图像，并将有效的高频信息保存到模糊图像中，回避了频域零点，这种图像采集方式有助于在图像中保存目标图像信息采集，完备性大幅度增强。

　　（2）利用图像后处理手段复原图像。自然图像所遵循的一般规律中，清晰图像的边沿明确，但运动目标由于采集过程中在成像面中无法找到唯一对应图像像素点，导致模糊图像边沿为一连续的模糊带。因此利用该方式估计复原图像过程的边沿信息即可获得估计复原图像和模糊核。结合编码曝光对图像信息的保护，利用 L_0 正则化复原编码曝光模糊图像是将原有连续的模糊过程在时域有效分割，转变为间断非连续曝光。编码曝光成像方式采集的图像边缘梯度更明显，高频信息保存更好，更适合利用边缘进行求解。因此，这里使用 L_0 正则项约束就是为了更好地重建图像的边缘。

　　目前，科研人员大量的工作都集中在图像后处理方法中。在自然图像规律中有多种规律可以作为参考先验，借以辅助复原模糊图像与估计模糊核。在编码曝光图像复原领域，Ding 等[114]利用一般自然图像在频域中不同频率范围的幅值统计规律，实现了运动目标的匀速、加速等复杂运动模糊编码曝光图像的复原。Huang 等[116]改进了 Ding 等学者的思路，指出自然图像规律的功率谱是随图像频率提升而降低，故将该数据与复原数据残差平方和的最小化作为判断依据进行编码曝光目标的模糊图像复原。

　　由于大多数自然环境场景中，都会有一个颜色通道中像素强度非常接近零，Pan 等[39,192]利用上述自然图像规律，提出了基于暗通道的盲图像去模糊方法。相较于其他方法，该方法加强了迭代图像中的暗通道像素的稀疏性，并将其用于核估计和生成迭代图像。Tomar 等[193]借助暗通道想法，指出图像中一定存在亮通道先验，结合亮通道和暗通道两种先验与成像模型，估计雾霾并获得高质量去雾图像。Yan 等[191]扩展了上述暗通道在自然图像复原中的应用，指出除了暗通道先验，自然图像中亦应存在一个颜色通道像素值最强的通道，因此，Yan 等学者综合利用暗通道和亮通道两种先验获得了较好的运动模糊图像复原。Cai 等[194]指出将亮通道和暗通道混合使用形成嵌入式网络并将其转化为神经网络进行有效的动态图像的去模糊处理，得到了较好结果。

本章研究在自然图像规律构成先验前提下，对编码曝光采集图像采用基于极端通道先验的图像复原方法进行复原。本章其余部分的结构安排如下：7.2 节对极端先验条件下的编码曝光运动模糊图像进行数学建模；在 7.2 节的基础上，7.3 节研究极端先验条件下的编码曝光模糊图像重建复原；7.4 节分别进行了极端先验条件下仿真合成编码曝光模糊图像复原、实际采集编码曝光模糊图像的复原实验；7.5 节对本章进行了小结。

7.2   极端先验条件下的时间编码曝光运动模糊图像建模

7.2.1   时间编码曝光运动模糊图像建模

编码曝光图像采集过程相当于对采集时间进行了抽样，通过特定的抽样，对频域信息进行保护。这种频域信息保护在图像生成和复原过程中都起着重要作用。该过程扩展了采集频带，保护了目标图像的高频信息。当采集目标图像时，在坐标平面内目标随时间运动时，对应不同时刻时隙 k_i 获得不同的像平面的像素位移 $T_i = (T_x, T_y)$，图 7.1 为利用分时隙叠加示意图表示的任意相对运动方向下，编码曝光模糊成像的数学模型。

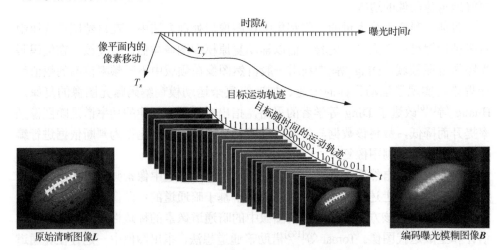

图 7.1   任意相对运动方向下编码曝光模糊成像的数学模型

图 7.1 中，目标原始清晰图像 L 获得编码曝光模糊图像 B，相当于将一个完整的曝光时间分成了若干时隙 k_i，各时隙曝光时序在曝光时间轴 t 表示。编码曝光控制这些时隙是否曝光并决定最终成像的过程。采集过程中，若目标与相机产生相对移动，各个时隙采集到的图像相对于原图像的位移矩阵 T_i。若用 "1" 和 "0" 组成的二进制序列表示该编码曝光的成像过程，即码字为 "1"（$k_i=1$）表示快门打开、时隙成像；码字为 "0"（$k_i=0$）表示快门关闭、时隙不成像。

由于物体运动，原始清晰图像 L 在第 i 个快门时隙曝光时相对于原图像的位移矩阵为 T_i，若编码曝光模糊图像 B 由 m 个移位图像叠加构成，可用式（7.1）表示：

$$B = \frac{1}{\sum_{1 \leq i \leq m} k_i} \sum_{1 \leq i \leq m} k_i T_i L + \eta \tag{7.1}$$

式中，η 代表系统噪声；m 代表码长，即时隙数目；k_i 代表第 i 个时隙是否曝光，$i \in [1, m]$。当使用的码长 m 的二进制编码 $k = k_1 k_2 \cdots k_m$ 确定后，即 $\sum_{1 \leq i \leq m} k_i = C_k$ 为常量，为了从编码曝光模糊图像中恢复清晰的图像，将式（7.1）中的模型转换为

$$B = \frac{1}{\sum_{1 \leq i \leq m} k_i} \sum_{1 \leq i \leq m} k_i T_i L + \eta$$

$$= \frac{\sum_{1 \leq i \leq m} k_i T_i}{C_k} L + \eta$$

$$= \sum_{1 \leq i \leq m} \frac{k_i T_i}{C_k} L + \eta \tag{7.2}$$

从式（7.2）可以看出，该式相当于图像 B 是由动态的编码 k 和静止的清晰图像 L 卷积构成。若令式（7.2）中 $k_i T_i / C_k = k_z$，由于卷积的交换特性并省略噪声 η 后，式（7.2）也可以表示为

$$B = \sum_{z \in \Omega} L k_z \tag{7.3}$$

由于 $k_z = k_i T_i / C_k$，含有 T_i 成分，为矩阵形式；其变化范围为 $z \in \Omega$。由于模糊图像 B 大小确定，经变换不同的 k_z 卷积过程需要选择合适的尺度的 L，故

$$B(x) = \sum_{z \in \Omega} L\left(x + \left[\frac{s}{2}\right] - z\right) k_z \tag{7.4}$$

式中，k_z 为图像模糊过程的模糊核；s 为模糊核 k_z 的大小，其变换域为 $z \in \Omega$；若模糊图像 B 尺度为 x，则 L 的变换尺度范围为 $x + [s/2] - z$，其中 [•] 表示变化范围。

7.2.2 基于极端先验的时间编码曝光模糊图像复原模型

极端通道先验（extreme channels prior）包含暗通道（dark channel prior, DCP）和亮通道（bright channel prior, BCP）两种先验。其中，暗通道图像去模糊方法是Pan 等[39,192]提出利用自然图像规律的图像去模糊方法。该方法指出自然图像中存在一个颜色通道像素值最弱的颜色通道（暗通道），可以通过加强迭代图像中的暗通道像素的稀疏性来迭代核估计和生成图像。利用图像生成的自然规律构成极端通道先验，对编码曝光方式采集的图像进行复原。

暗通道方法指的是在大多数自然环境场景中，都会有一个颜色通道中像素强度非常接近零。利用暗通道特性是稀疏而不是零的先验，来估计模糊核和复原图像的方法被称为暗通道先验估计方法。暗通道定义为

$$D_p\big(\boldsymbol{L}\big)\big(x\big)=\min_{y\in\phi(x)}\bigg(\min_{c\in\{r,g,b\}}\boldsymbol{L}^c\big(y\big)\bigg) \tag{7.5}$$

式中，$\boldsymbol{L}$ 为清晰图像；x 和 y 为像素位置；$\phi(x)$ 为以像素 x 为中心的图像块；$y\in\phi(x)$ 表示 y 是在以像素 x 为中心的图像块范围中的像素；$\boldsymbol{L}^c(y)$ 为 c 通道中的图像强度，且有三个通道 $c\in\{r,g,b\}$。

当图像为灰度图像时，有

$$\min_{c\in\{r,g,b\}}\boldsymbol{L}^c\big(y\big)=\boldsymbol{L}\big(y\big) \tag{7.6}$$

式（7.6）表明，暗通道在这里主要用来描述图像块中像素的最小值。若 $\phi(x)$ 与模糊核 $\boldsymbol{k}$ 大小相同且其数值用 s 表示，即 $\phi(x)=\varOmega_k$ 时，式（7.4）可以表示为

$$\begin{aligned}\boldsymbol{B}\big(x\big)&=\sum_{z\in\varOmega_k}\boldsymbol{L}\bigg(x+\bigg[\frac{s}{2}\bigg]-z\bigg)\boldsymbol{k}_z\\&\geqslant\sum_{z\in\varOmega_k}\min_{y\in\phi(x)}\boldsymbol{L}\big(y\big)\boldsymbol{k}_z\\&=\min_{y\in\phi(x)}\boldsymbol{L}\big(y\big)\sum_{z\in\varOmega_k}\boldsymbol{k}_z\end{aligned} \tag{7.7}$$

由于模糊核性质可知 $\sum_{z\in\varOmega_k}\boldsymbol{k}_z=1$，则

$$\boldsymbol{B}\big(x\big)\geqslant\min_{y\in\phi(x)}\boldsymbol{L}\big(y\big) \tag{7.8}$$

式（7.8）说明在以像素 x 为中心的图像块范围中，模糊图像 $\boldsymbol{B}(x)$ 应小于清晰图像 $\boldsymbol{L}(y)$ 的最小值。按照暗通道的定义和式（7.8）的限制条件，y 是在以像素 x 为中心的图像块范围中的最小像素，即

$$D_p(\boldsymbol{B})(x) = \min_{y \in \phi(x)}\big(\boldsymbol{B}(y)\big)$$

$$= \min_{y \in \phi(x)}\left(\sum_{z \in \Omega_k} \boldsymbol{L}\left(y + \left[\frac{s}{2}\right] - z\right)\boldsymbol{k}_z\right)$$

$$\geqslant \sum_{z \in \Omega_k} \min_{y \in \phi(x)}\left(\boldsymbol{L}\left(y + \left[\frac{s}{2}\right] - z\right)\boldsymbol{k}_z\right)$$

$$\geqslant \sum_{z \in \Omega_k} \min_{y \in \phi(x)} \boldsymbol{L}(y)\boldsymbol{k}_z$$

$$= \sum_{z \in \Omega_k} D_p(\boldsymbol{L})(x)\boldsymbol{k}_z$$

$$= D_p(\boldsymbol{L})(x) \tag{7.9}$$

式（7.9）说明在以 x 为中心的一定区域 $\phi(x)$ 内，模糊图像 $\boldsymbol{B}$ 的暗像素值应大于清晰图像 $\boldsymbol{L}$ 的暗像素值。由于图像像素值均为非负，且上述计算过程均为卷积或求和，不涉及负数值，故有

$$D_p(\boldsymbol{B})(x) \geqslant D_p(\boldsymbol{L})(x) \geqslant 0 \tag{7.10}$$

若将暗像素作为判别依据，并以 L_0 范数作为参考先验，应有

$$\big\|D_p(\boldsymbol{B})\big\|_0 \geqslant \big\|D_p(\boldsymbol{L})\big\|_0 \tag{7.11}$$

因此，当采集图像中存在暗像素时，将其暗通道作为估计先验辅助计算。然而，虽然暗通道方法在很多图像中具有强大的复原能力，但如果图像中不存在暗像素，则暗通道先验可能无法估计得到满意的图像。与之相对的，利用自然图像中像素最大值作为先验的方法称为亮通道方法。相对应的亮通道定义为

$$B_p(\boldsymbol{L})(x) = \max_{y \in \psi(x)}\left(\max_{c \in \{r,g,b\}} \boldsymbol{L}^c(y)\right) \tag{7.12}$$

式中，$\boldsymbol{L}$ 为清晰图像；x 和 y 为像素位置；$\psi(x)$ 为以像素 x 为中心的图像块；$y \in \psi(x)$ 表示 y 是在以像素 x 为中心的图像块范围中的像素；$\boldsymbol{L}^c(y)$ 为 c 通道中的图像强度，且有三个通道 $c \in \{r,g,b\}$。

当图像为灰度图像时，有

$$\max_{c \in \{r,g,b\}} \boldsymbol{L}^c(y) = \boldsymbol{L}(y) \tag{7.13}$$

式（7.13）表明，暗通道在这里主要用来描述图像块中像素的最大值。若 $\psi(x)$ 与模糊核 $\boldsymbol{k}$ 大小相同且其数值用 p 表示，即 $\psi(x) = \Omega_k$ 时，式（7.4）可以表示为

$$\boldsymbol{B}(x) = \sum_{z \in \Omega_k} \boldsymbol{L}\left(x + \left[\frac{p}{2}\right] - z\right)\boldsymbol{k}_z$$

$$\leqslant \sum_{z \in \Omega_k} \max_{y \in \psi(x)} \boldsymbol{L}(y)\boldsymbol{k}_z = \max_{y \in \psi(x)} \boldsymbol{L}(y)\sum_{z \in \Omega_k} \boldsymbol{k}_z \tag{7.14}$$

由于模糊核性质可知 $\sum\limits_{z \in \Omega_k} k_z = 1$，则

$$B(x) \leqslant \max_{y \in \psi(x)} L(y) \tag{7.15}$$

式（7.15）说明在以像素 x 为中心的图像块范围中，模糊图像 $B(x)$ 应小于清晰图像 $L(y)$ 的最大值。按照亮通道的定义和式（7.15）的限制条件，y 是在以像素 x 为中心的图像块范围中的最大像素，即

$$
\begin{aligned}
B_p(\boldsymbol{B})(x) &= \max_{y \in \psi(x)} \big(\boldsymbol{B}(y) \big) \\
&= \max_{y \in \psi(x)} \left(\sum_{z \in \Omega_k} \boldsymbol{L}\left(y + \left[\frac{p}{2} \right] - z \right) k_z \right) \\
&\leqslant \sum_{z \in \Omega_k} \max_{y \in \psi(x)} \left(\boldsymbol{L}\left(y + \left[\frac{p}{2} \right] - z \right) k_z \right) \\
&\leqslant \sum_{z \in \Omega_k} \max_{y \in \psi(x)} \boldsymbol{L}(y) k_z \\
&= \sum_{z \in \Omega_k} D_p(\boldsymbol{L})(x) k_z \\
&= B_p(\boldsymbol{L})(x)
\end{aligned}
\tag{7.16}
$$

式（7.16）说明在以 x 为中心的一定区域 $\psi(x)$ 内，模糊图像 $\boldsymbol{B}$ 的亮像素值应大于清晰图像 $\boldsymbol{L}$ 的亮像素值。由于图像像素值均为非负，且上述计算过程均为卷积或求和，不涉及负数值，故有

$$B_p(\boldsymbol{B})(x) \geqslant B_p(\boldsymbol{L})(x) \geqslant 0 \tag{7.17}$$

若将亮像素作为判别依据，并以 L_0 范数作为参考先验，应有

$$\left\| 1 - B_p(\boldsymbol{B}) \right\|_0 \leqslant \left\| 1 - B_p(\boldsymbol{L}) \right\|_0 \tag{7.18}$$

因此，当采集图像中存在亮像素时，可以将其亮通道作为估计先验辅助计算。该先验是基于观察到在大多数的自然场景块中，至少有一个颜色通道具有非常大的像素强度，并借以其数值特性作为先验，在正则项中辅助估计复原图像和模糊核。

极端先验联合使用暗通道和亮通道，利用参数调整其权重，使之更好地在估计复原图像过程中起到作用。

7.3 基于极端先验的时间编码曝光模糊图像复原算法

编码曝光成像调制了入射光，保留了原始目标中的细节，但为了得到清晰图像还需要进行有效解码复原。然而，目前关于编码曝光图像的复原方法还处于初

始阶段，大多采用反卷积图像处理方法进行，编码曝光图像复原方法及质量尚需改善。因此，本章采用了融合极端先验的编码曝光模糊图像复原方法，交替迭代估计图像和模糊核建立图像的复原模型，并求解图像复原问题。

7.3.1 基于极端通道的图像复原模型

成像系统导致图像降质的因素未知，因此，仅由实际采集到的图像反演计算重建图像是一个严重的病态问题。以式（2.9）建立的模糊图像的数学模型可以采用式（7.19）复原图像模糊过程[19]：

$$\arg\min_{L,K}\left(\|L*K-B\|_q+\rho_L(L)+\rho_K(K)\right) \tag{7.19}$$

式中，$\|L*K-B\|_q$ 是通用数据的拟合项，表示原始目标图像 L 在经过编码曝光采集系统后实现了图像降质 $L*K$，$(L*K-B)$ 表示其与观测图像 B 之间的差异，其差异模型用 p 表示，这里仍用 L_0 范数表示；$\rho_L(L)$ 和 $\rho_K(K)$ 分别是对迭代中清晰图像 L 和估计模糊核 K 的正则项约束。

对于运动模糊图像复原，需要采用模糊核 K 和潜在清晰图像 L 交替迭代的方式进行。故编码曝光运动模糊图像复原过程的目标函数可设定为

$$\arg\min_{L,K}\left(\|L*K-B\|_2^2+\alpha\|\nabla L\|_0+\beta\|D_p(L)\|_0+\delta\|1-B_p(L)\|_0+\gamma\|K\|_2^2\right) \tag{7.20}$$

式中，$\|L*K-B\|_2^2$ 是基于 L_2 范数的数据拟合项；∇L 是迭代图像梯度；$\|D_p(L)\|_0$ 和 $\|1-B_p(L)\|_0$ 分别是基于 L_0 范数的图像暗通道和亮通道先验；$\|K\|_2^2$ 是模糊核 K 的正则项；α、β、δ 和 γ 是正则项的调节系数。

借助最小化能量函数可获得式（7.20）的最优解。然而，L_0 范数一般不连续，导致该问题为 NP 困难问题。因此，这里引入变量分裂法，将一个优化问题松弛为两个二次规划问题，获得二次优化函数的闭式解，同时利用交替迭代模糊核 K 和潜在清晰图像 L 获得最优解：

$$\arg\min_{L}\left(\|L*K-B\|_2^2+\alpha\|\nabla L\|_0+\beta\|D_p(L)\|_0+\delta\|1-B_p(L)\|_0\right) \tag{7.21}$$

$$\arg\min_{K}\left(\|L*K-B\|_2^2+\gamma\|K\|_2^2\right) \tag{7.22}$$

7.3.2 图像的更新求解

对于潜在清晰图像 L 的估计过程可以分为图像解卷积和模糊核估计两个过程。通过模糊核 K 解卷积编码曝光图像 B 来重建图像 L。同时，根据重建图像 L，求解模糊核 K。二者交替迭代进行计算。首先，假设 K 已知，利用变量分裂法将

式（7.21）变为

$$\underset{L,u,g,q}{\arg\min}\left(\left\|L*K-B\right\|_2^2+\mu_1\left\|\nabla L-u\right\|_2^2+\mu_2\left\|D_p\left(L\right)-g\right\|_2^2\right.$$
$$\left.+\mu_3\left\|1-B_p\left(L\right)-q\right\|_2^2+\alpha\left\|u_0\right\|+\beta\left\|g_0\right\|+\delta\left\|q_0\right\|\right) \tag{7.23}$$

式中，u,g,q 为引入的辅助变量，其初始值均为 0；μ_1,μ_2,μ_3 为惩罚参数。可以通过固定某个变量的方式，交替求解变量 L,u,g,q。

在初始迭代中，式（7.23）的解可以由以式（7.24）得到：

$$\underset{L}{\arg\min}\left(\left\|L*K-B\right\|_2^2+\mu_1\left\|\nabla L-u\right\|_2^2\right.$$
$$\left.+\mu_2\left\|D_p\left(L\right)-g\right\|_2^2+\mu_3\left\|1-B_p\left(L\right)-q\right\|_2^2\right) \tag{7.24}$$

式（7.24）的问题可以由最小二乘的闭式解通过快速傅里叶变换得到：

$$L=\mathcal{F}^{-1}\left[\frac{\overline{\mathcal{F}(K)}\mathcal{F}(B)+\mu_1\mathcal{F}(u)+\mu_2\mathcal{F}(g)+\mu_3\mathcal{F}(q)}{\overline{\mathcal{F}(K)}\mathcal{F}(K)+\mu_1\overline{\mathcal{F}(\nabla)}\mathcal{F}(\nabla)+\mu_2+\mu_3}\right] \tag{7.25}$$

式中，$\mathcal{F}(\cdot)$ 和 $\mathcal{F}^{-1}(\cdot)$ 为傅里叶变换对；$\overline{\mathcal{F}(\cdot)}$ 为 $\mathcal{F}(\cdot)$ 的复共轭变换；∇ 为一阶梯度；$\mathcal{F}(u)=\overline{\mathcal{F}(\nabla_x)}\mathcal{F}(u_x)+\overline{\mathcal{F}(\nabla_y)}\mathcal{F}(u_y)$；$\overline{\mathcal{F}(\nabla)}\mathcal{F}(\nabla)=\overline{\mathcal{F}(\nabla_x)}\mathcal{F}(\nabla_x)+\overline{\mathcal{F}(\nabla_y)}\mathcal{F}(\nabla_y)$。这里 ∇ 的计算分 x 方向和 y 方向，∇_x,∇_y 分别代表两方向的微分算子。

为了求解辅助变量 u,g,q，在给定 L 后可以利用式（7.26）～式（7.28）得到：

$$\underset{u}{\arg\min}\left(\mu_1\left\|\nabla L-u\right\|_2^2+\alpha\left\|u_0\right\|\right) \tag{7.26}$$

$$\underset{g}{\arg\min}\left(\mu_2\left\|D_p\left(L\right)-g\right\|_2^2+\beta\left\|g_0\right\|\right) \tag{7.27}$$

$$\underset{q}{\arg\min}\left(\mu_3\left\|1-B_p\left(L\right)-q\right\|_2^2+\delta\left\|q_0\right\|\right) \tag{7.28}$$

根据 Xu 等[18]提出的求解 L_0 正则化最小化方法，辅助变量 u,g,q 的限制条件可限制为

$$u=\begin{cases}\nabla L,&|L|^2\geqslant\dfrac{\alpha}{\mu_1}\\0,&\text{其他}\end{cases}$$

$$g=\begin{cases}D_p\left(L\right),&|\nabla L|^2\geqslant\dfrac{\beta}{\mu_2}\\0,&\text{其他}\end{cases} \tag{7.29}$$

$$q = \begin{cases} 1 - B_p(L), & \left| 1 - B_p(L) \right|^2 \geqslant \dfrac{\delta}{\mu_3} \\ 0, & \text{其他} \end{cases}$$

将式（7.29）代入式（7.23）中，获得复原图像 L。

7.3.3 模糊核的求解

根据迭代法重建的图像 L 来估计模糊核 K。为得到精确解，利用图像梯度计算目标函数：

$$\underset{K}{\arg\min} \left(\left\| L * K - B \right\|_2^2 + \gamma \left\| K \right\|_2^2 \right) \tag{7.30}$$

求解后得到估计的模糊核为

$$K = \mathcal{F}^{-1} \left[\frac{\overline{\mathcal{F}(\nabla L)} \mathcal{F}(\nabla B)}{\overline{\mathcal{F}(\nabla L)} \mathcal{F}(\nabla L) + \gamma} \right] \tag{7.31}$$

上述图像的重建过程分为核估计和图像估计两个过程，给定初始模糊核，利用初始模糊核和极端先验、梯度先验等获得每个模糊核尺度下的最小化能量函数中的潜在最优图像；再通过模糊核估计获得新的模糊核，进行下一轮的图像迭代。基于极端先验的编码曝光复原算法如算法 7.1 所示。

算法 7.1 基于极端先验的编码曝光复原算法

输入：通过编码曝光方式获取模糊图像 B，设定模糊核的最大长度为 S，模糊核 K 初始长度 $s = 3$，初始估计参数 $\alpha, \beta, \delta, \gamma$，$\mu_1 = 2\alpha$，$\mu_2 = 2\alpha$，$\mu_3 = 2\alpha$。

步骤：1 在 $s < S$ 确定的范围内，通过式（7.31）迭代获得模糊核 K；

    2 While $\mu_1 \leqslant \mu_{1\max}$ do

      1）While $\mu_2 \leqslant \mu_{2\max}$ do

        （1）While $\mu_3 \leqslant \mu_{3\max}$ do

          ① 由式（7.22）的限制条件，获得 u, g；

          ② 将 u, g 和 K 代入式（7.25）获得迭代图像 L；

          ③ $\mu_3 = 2\mu_3$；

        （2）End

        （3）$\mu_2 = 2\mu_2$；

      2）End

      3）$\mu_1 = 2\mu_1$；

    3 End

    4 $s = \sqrt{2} s$；

5　$\alpha = \max\{\alpha / 1.1, 0.0004\}$；

6　若 $s \geqslant S$ 停止迭代。

输出：模糊核 K 和清晰图像 L。

7.4　基于极端先验的时间编码曝光模糊图像复原实验

7.4.1　仿真合成时间编码曝光模糊图像的复原实验

为了测试极端先验编码曝光图像复原方法，这里采用合成图像的方法进行图像复原过程的仿真实验。在实验过程中，设置参数 $\alpha = \beta = \delta = 0.004$，$\mu_{1\max} = 2^3$，$\mu_{2\max} = \mu_{3\max} = 10^5$，$\gamma = 2$。本章所有实验均在英特尔 Core i7 处理器、双核 2.5GHz 的 CPU、8GB 内存的计算机上运行，算法采用 MATLAB 2018a 执行。本节实验均使用 Agrawal 等[94]提出的 31 位近似最优编码进行图像合成，即使用 $k = 1111111111111000010011101000111$ 进行曝光。

编码曝光仿真实验的图像合成过程与图像复原如图 7.2 所示，其中图（a）为 MATLAB 自带清晰图像；图（b）为利用编码曝光规律，以单一方向运动为基础合成的编码曝光运动模糊图像；图（c）为利用极端先验方法实现的编码曝光复原图像。

（a）清晰图像

编码曝光采集规律
单一方向运动
模糊图像合成
→

（b）编码曝光合成
运动模糊图像

本章方法复原
←

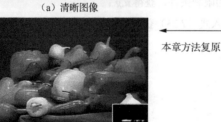

（c）复原图像

图 7.2　编码曝光仿真实验的图像合成过程与图像复原

　　图 7.3 所示实验为不同单一运动方向下利用极端先验方法的复原编码曝光图像结果。其中图（a）和图（b）分别为正向、负向编码情况下，根据设定编码并利用 $k_i = 0$或1 以曝光编码规律合成的仿真图像。图（a）和图（b）分别是在水平方向上利用图 7.1 的叠加方式进行仿真合成的模糊图像、复原图像及其模糊核，其不同在于编码的方向相反；图（c）和图（d）分别为正向、负向编码情况下，在副对角线方向上利用图 7.1 的叠加方式进行叠加后的模糊图像、复原图像及其模糊核；图（e）和图（f）分别为正向、负向编码情况下，在垂直方向上利用图 7.1 的叠加方式进行叠加进行仿真合成的模糊图像、复原图像及其模糊核；其中图（g）和图（h）分别为正向、负向编码情况下，在主对角线方向上利用图 7.1 的叠加方式进行叠加后的模糊图像、复原图像及其模糊核。

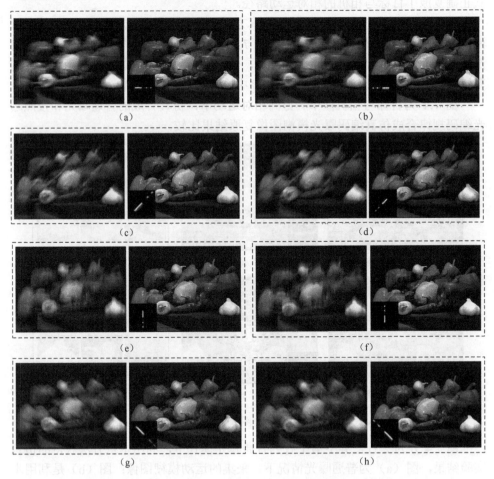

（a）　　　　　　　　　　　　　　　（b）

（c）　　　　　　　　　　　　　　　（d）

（e）　　　　　　　　　　　　　　　（f）

（g）　　　　　　　　　　　　　　　（h）

图 7.3　不同单一方向运动下利用极端先验的复原编码曝光图像结果

　　图 7.3 证明了基于极端先验方法的编码曝光图像在不同单一方向产生运动模糊复原的有效性。从复原结果上看,图(a)相当于利用水平模糊过程的编码曝光图像采集实验,模糊核表示该模糊过程的相对运动方向;图(b)的复原过程相当于将图(a)的模糊核旋转 180° 进行的编码曝光图像复原实验;图(c)、图(e)和图(g)的模糊过程分别相当于将图(a)的模糊核逆时针旋转 45°、顺时针旋转 90° 和顺时针旋转 45° 进行的编码曝光图像复原实验;图(d)、图(f)和图(h)的模糊过程分别相当于将图(b)的模糊核逆时针旋转 45°、顺时针旋转 90° 和顺时针旋转 45° 进行的编码曝光图像复原实验。

　　由于模糊核在设计时采用编码曝光方法,故原始目标图像中高频信息有效地保存在模糊图像中,该实验基本复原出原始图像的清晰细节,同时通过模糊核形式正确复原了目标与相机的相对运动路径。

　　为了与普通曝光模式对比,采用仿真方法分别合成普通成像与编码曝光图像,两种方法参数的设置保持一致。按照图 7.1 的合成方式将清晰图像按照不同运动形式移位叠加后,合成了运动模糊图像。仿真实验中,普通曝光模式为全部移动范围内有 $k_i = 1$,而编码曝光是剔除码字中为“0”的时隙图像。

　　图 7.4 为目标与相机做单一方向相对运动下,仿真合成的普通曝光和按照曝光编码规律合成仿真编码曝光模糊图像复原结果比较。

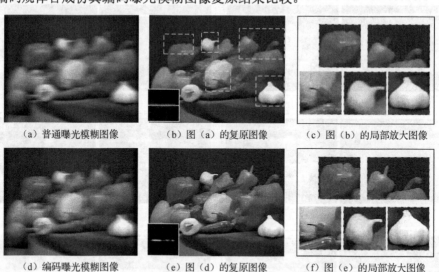

（a）普通曝光模糊图像　　（b）图（a）的复原图像　　（c）图（b）的局部放大图像

（d）编码曝光模糊图像　　（e）图（d）的复原图像　　（f）图（e）的局部放大图像

图 7.4　单一方向运动下普通曝光图像和编码曝光图像复原结果比较

　　图 7.4 分为 2 行,其中第 1 行为普通曝光模式下,利用本章方法获得的仿真实验结果,图(a)为普通曝光情况下,采集的运动模糊图像;图(b)是利用本章方法复原图像(a)的结果及其对应模糊核;图(c)为图(b)的局部放大图像。图 7.4 的第 2 行为编码曝光模式下,利用本章方法获得的仿真实验结果,图(d)

为编码曝光情况下，采集的运动模糊图像；图（e）是利用本章方法复原图像（d）的结果及其对应模糊核；图（f）为图（e）的局部放大图像。可以看出编码曝光图像复原的细节更清晰。

为了对比更多运动模式下本章方法的复原图像效果，设计了不同运动方式下的普通曝光和编码曝光复原的仿真图像对比实验，如图 7.5～图 7.7 所示。图 7.5 为近似单一方向运动下普通曝光图像和编码曝光图像复原结果比较；图 7.6 为旋转运动下普通曝光图像和编码曝光图像复原结果比较；图 7.7 为任意运动下普通曝光图像和编码曝光图像复原结果比较。

从图 7.4～图 7.7 中可以看出，由于编码曝光在图像采集阶段就将具备目标特征的高频细节信息有效保护，当复原正确时这些特征有序排布，而普通曝光不具备高频细节信息的保护能力，无法对高频信息进行有效的收集和保护。故普通曝光复原图像［图（b）］均不如编码曝光复原图像［图（e）］的图像清晰，编码曝光复原图像细节清晰，阶梯效应和振铃效应相对较弱。

为了客观衡量编码曝光复原图像和普通曝光复原图像对于图像细节的复原质量，利用图像质量评价指数函数进行复原图像的清晰度评价，如表 7.1 所示。

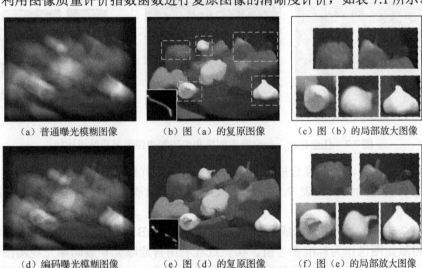

（a）普通曝光模糊图像　　（b）图（a）的复原图像　　（c）图（b）的局部放大图像

（d）编码曝光模糊图像　　（e）图（d）的复原图像　　（f）图（e）的局部放大图像

图 7.5　近似单一方向运动下普通曝光图像和编码曝光图像复原结果比较

（a）普通曝光模糊图像　　（b）图（a）的复原图像　　（c）图（b）的局部放大图像

（d）编码曝光模糊图像　　　（e）图（d）的复原图像　　　（f）图（e）的局部放大图像

图 7.6　旋转运动下普通曝光图像和编码曝光图像复原结果比较

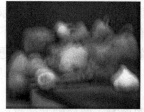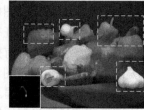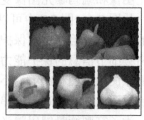

（a）普通曝光模糊图像　　　（b）图（a）的复原图像　　　（c）图（b）的局部放大图像

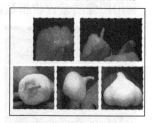

（d）编码曝光模糊图像　　　（e）图（d）的复原图像　　　（f）图（e）的局部放大图像

图 7.7　任意运动下普通曝光图像和编码曝光图像复原结果比较

　　将上述利用清晰图像合成的编码曝光和普通曝光的模糊图像进行图像复原，其图像质量对比结果如表 7.1 所示，采用四种图像质量的评价指数与原始图像进行对比。

　　表 7.1 中，由于仿真合成图像利用的是 MATLAB 自带清晰目标图像，因此，可以将原始图像作为标准参考值。实验过程利用普通曝光和编码曝光观测图像和复原图像质量进行四种图像数据对比。故可以形成利用原始清晰图像、编码曝光的观测图像和复原图像、普通曝光的观测图像和复原图像的多组对比实验。这里同样利用 SMD 和 SMD$_2$ 表征各个图像高频信息的多少，利用 Energy 梯度函数和 Brenner 梯度函数评价边界复原情况。由于原始图像特征最丰富，涵盖更多的灰度变化细节的特点，其评价指数值应最高。

　　由上述图像的复原图像，尤其是局部放大图像可以看出，当图像的质量越接近原始图像，其评价指数也越接近。编码曝光采集图像中具备原始图像中目标的细节信息，复原更加完备，其复原图像指数值最接近原始清晰图像。在目标与相机存在相对运动中，一般曝光方法使得高频信息丢失，故复原过程无法完全复原。

表 7.1   编码曝光和普通曝光的仿真合成图像复原质量评价指数

对比实验组		图像质量评价指数/($\times 10^5$)				
		原始	复原图像		观测图像	
		清晰图像	编码曝光	普通曝光	编码曝光	普通曝光
图 7.4	SMD	6.15	**5.57**	4.12	3.69	3.41
	SMD$_2$	9.11	**5.47**	3.18	1.90	1.52
	Energy	34.09	**33.00**	22.34	15.70	14.36
	Brenner	40.59	**39.82**	33.67	36.53	35.30
图 7.5	SMD	6.15	**3.37**	3.01	2.59	2.35
	SMD$_2$	9.11	**1.95**	1.35	0.53	0.41
	Energy	34.09	**18.73**	16.55	7.00	5.89
	Brenner	40.59	**27.06**	23.16	16.75	13.63
图 7.6	SMD	6.15	**3.40**	3.21	2.64	2.56
	SMD$_2$	9.11	**2.21**	1.85	0.78	0.72
	Energy	34.09	**17.94**	17.17	8.40	7.76
	Brenner	40.59	**27.36**	26.41	20.86	19.12
图 7.7	SMD	6.15	**4.27**	4.25	3.30	3.06
	SMD$_2$	9.11	**3.67**	3.54	1.58	1.20
	Energy	34.09	**25.13**	23.35	13.73	11.62
	Brenner	40.59	**31.95**	31.12	26.36	23.44

注：加粗数据为同组复原图像中具有较大指数数值者。

7.4.2   实际采集时间编码曝光模糊图像的复原实验

编码曝光成像实验采用第 3 章设计的编码曝光相机进行，其中图像传感器采用 ICX204AL 芯片，该 CCD 图像传感器的图像分辨率为 1024×768，实验中采用的镜头焦距为 12mm，曝光编码同样选择前文的 31 位编码。本节首先利用编码相机采集编码曝光图像，然后利用本章图像复原算法进行重建。

为了测试多种运动方式下，基于极端先验编码曝光方法的复原能力，采用目标物体与相机做相对运动的方式进行。普通曝光与编码曝光在相对单一方向运动时的采集图像与复原图像结果的对比（图 7.8）、目标快速移动时的采集图像与复原图像结果的对比（图 7.9）、目标任意方向运动时的采集图像与复原图像结果的对比（图 7.10）、相机轻微抖动时的采集图像与复原图像结果的对比（图 7.11）等四种方式进行实验，测试不同运动对复原图像的影响。

图 7.8 所示实验为普通曝光和编码曝光采集方法复原图像的对比实验。实验采用同角度双相机同时采集曝光，其一为普通曝光方式采集运动模糊图像，另一为本章提出编码曝光采集方式采集运动模糊图像。

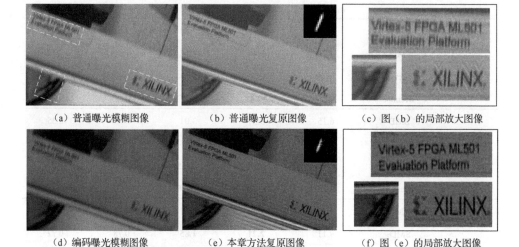

(a) 普通曝光模糊图像　　　　(b) 普通曝光复原图像　　　　(c) 图（b）的局部放大图像

(d) 编码曝光模糊图像　　　　(e) 本章方法复原图像　　　　(f) 图（e）的局部放大图像

图 7.8　普通曝光和编码曝光方法采集图像及其复原图像

在图 7.8 中，图（a）为普通曝光方法采集的模糊图像，利用文献[191]复原方法复原图像如图（b）所示，其局部放大图像如图（c）所示。利用本章方法采集图像如图（d）所示，复原结果如图（e）所示。两种方法估计的模糊核方向与实际运动方向相同，图（e）的模糊核有间断表示曝光过程含有编码，其细节的局部放大图像如图（f）所示。

由于实际采集过程中，传统曝光方式相较于编码曝光，为全"1"编码，故在相同采集时间内经传统曝光方式得到的光通量要大于编码曝光，从图像上即经传统曝光模式采集的图像普遍亮于经编码曝光采集的图像。然而在传统曝光方法中，连续采集的相对运动模糊图像有效的细节信息均被滤除，无法保存在采集图像中，故复原图像边沿等细节复原振铃效应明显，图像质量欠佳，如图 7.8（b）所示。编码曝光图像采集过程相当于将入射光调制，即将有效细节信息保存在模糊图像中，边沿等细节信息复原效果较好，如图（f）所示。从局部放大图像［图（c）］可以看出，图像细节、边沿复原效果较好，振铃效应较弱，图像中文字清晰可见，如"XILINX""Evaluation Platform""Virtex-5 FPGA ML501"等文字及线型基本复原。

　　图 7.9 所示实验为目标物体与采集相机相对快速运动情况下采集的编码曝光图像采集及复原实验。其中，图（a）为利用 31 位编码曝光相机采集的运动模糊图像，其局部放大图像如图（b）所示；本章方法的复原结果及模糊核如图（c）所示，在模糊核中断续过程明显，说明目标细节采集完备，复原图像的局部放大图像如图（d）所示，文字脉络、笔画细节等如"著""等译""（续）""珠玑"等恢复良好，可读性较强。

（a）编码曝光模糊图像　　　　　　　（b）图（a）的局部放大图像

（c）编码曝光复原图像　　　　　　　（d）图（c）的局部放大图像

图 7.9　快速运动情况下编码曝光模糊图像及其复原图像

　　图 7.10 所示实验为目标物体与采集相机相对任意运动的编码曝光图像采集及复原实验。其中，图（a）为利用编码曝光相机采集的运动模糊图像，其局部放大图像如图（b）所示；图（c）为本章方法的复原结果，其局部放大图像如图（d）所示，估计的模糊核中包含了编码曝光断续的特征，复原后图中"清华大学电子与信息技术系列教材""数字信号处理""理论、算法与实现""胡广书"等中文文字明显，识别效果较好。

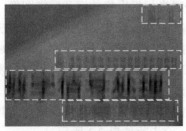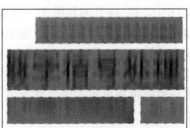

（a）编码曝光模糊图像　　　　　　　（b）图（a）的局部放大图像

（c）编码曝光复原图像　　　　　　　　（d）图（c）的局部放大图像

图 7.10　任意运动情况下编码曝光模糊图像及其复原图像

图 7.11 所示实验为相机轻微抖动情况下的编码曝光图像采集及复原实验，其中由于相对运动的关系，采集编码曝光模糊图像如图（a）所示，图像和文字模糊不清。

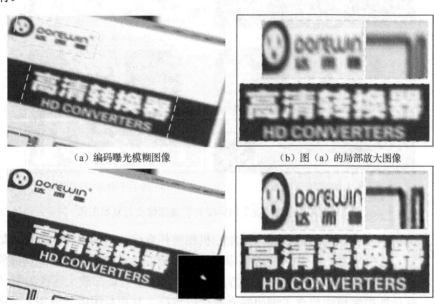

（a）编码曝光模糊图像　　　　　　　（b）图（a）的局部放大图像

（c）编码曝光复原图像　　　　　　　（d）图（c）的局部放大图像

图 7.11　相机轻微抖动情况下编码曝光模糊图像及其复原图像

图 7.11 中，图（a）为利用 31 位编码曝光相机采集的运动模糊图像，由于相机的快速折返运动，其局部放大图像如图（b）所示；图（c）为本章方法复原结果，模糊运动间断相互叠加，故间断不明显，复原图像的局部放大图像如图（d）所示，"高清转换器""DOREWIN""HD CONVERTERS"等字符和文字恢复效果较好。实际编码曝光采集图像的复原仍通过图像质量评价函数进行评价。但是由于实际采集图像只有编码曝光模糊图像，故只能对编码曝光模糊图像及其复原图像进行图像质量评价，图 7.8～图 7.11 的评价指数如表 7.2 所示。

从表 7.2 中可以看出，复原图像各评价指数参数值较高。因此可以认为经极端先验方法复原后，基本可以复原由编码曝光方法采集的运动模糊图像。本章提出的复原方法基本克服了目标运动的模糊，使得图像特征明显增强。

表 7.2　实际采集编码曝光图像复原的质量评价指数

对比实验组		图像质量评价指数	
		复原图像/($\times 10^5$)	观测图像/($\times 10^2$)
图 7.8	SMD	**6.24**	17.34
	SMD$_2$	**7.59**	0.12
	Energy	**43.71**	0.38
	Brenner	**51.93**	0.54
图 7.9	SMD	**12.54**	5.19
	SMD$_2$	**17.91**	3.67
	Energy	**71.97**	39.69
	Brenner	**53.59**	42.92
图 7.10	SMD	**32.83**	27.36
	SMD$_2$	**7.01**	0.06
	Energy	**24.59**	0.43
	Brenner	**18.64**	1.23
图 7.11	SMD	**8.83**	31.85
	SMD$_2$	**13.53**	0.52
	Energy	**57.81**	1.80
	Brenner	**49.68**	4.68

注：加粗数据为同组复原图像中具有较大指数数值者。

7.5　本 章 小 结

本章采用编码曝光成像方法采集目标图像，提出了基于极端先验的编码曝光模糊图像复原方法，利用仿真方法对比了在成像过程中的普通曝光和编码曝光复原过程及结果。由于编码曝光采集图像保存了较多原始细节信息，故在复原过程能够为复原提供保证。通过实验表明，在图像复原中，本章提出的复原方法能够实现编码曝光模糊图像的正确复原，获得高质量的清晰图像。

参 考 文 献

[1] 章毓晋. 图像处理和分析基础[M]. 北京: 高等教育出版社, 2002: 1-5.

[2] 吴亚东. 图像复原算法研究[D]. 成都: 电子科技大学, 2006.

[3] 高东东, 徐晓婷, 李博. 红外/白光混合补光系统在智能交通中的应用研究[J]. 红外与激光工程, 2018, 47(9): 337-343.

[4] 冯维, 张福民, 王惟婧, 等. 基于数字微镜器件的自适应高动态范围成像方法及应用[J]. 物理学报, 2017, 66(23): 127-135.

[5] Kupyn O, Budzan V, Mykhailych M, et al. Deblurgan: Blind motion deblurring using conditional adversarial networks[C]. IEEE Conference on Computer Vision and Pattern Recognition(CVPR), 2018: 8183-8192.

[6] Campisi P, Egiazarian K. Blind image deconvolution: Theory and applications[M]. Boca Raton, FL: CRC Press, 2007: 1-49.

[7] Raskar R, Agrawal A, Tumblin J. Coded exposure photography: Motion deblurring using fluttered shutter[J]. ACM Transactions on Graphics (TOG), 2006, 25(3): 795-804.

[8] Wiener N. Extrapolation, interpolation, and smoothing of stationary time series: With engineering applications[M]. Massachusetts: MIT Press, 1964: 43-54.

[9] Richardson W H. Bayesian-based iterative method of image restoration[J]. Journal of the Optical Society of America, 1972, 62(1): 55-59.

[10] Lucy L B. An iterative technique for the rectification of observed distributions[J]. The Astronomical Journal, 1974, 79(6): 745-754.

[11] Fergus R, Singh B, Hertzmann A, et al. Removing camera shake from a single photograph[J]. ACM Transactions on Graphics (TOG), 2006, 25(3): 787-794.

[12] Jordan M I, Ghahramani Z, Jaakkola T S, et al. An introduction to variational methods for graphical models[J]. Machine Learning, 1999, 37(2): 183-233.

[13] Whyte O, Sivic J, Zisserman A, et al. Non-uniform deblurring for shaken images[C]. IEEE Conference on Computer Vision and Pattern Recognition(CVPR), 2010: 491-498.

[14] Levin A, Weiss Y, Durand F, et al. Efficient marginal likelihood optimization in blind deconvolution[C]. IEEE Conference on Computer Vision and Pattern Recognition(CVPR), 2011: 2657-2664.

[15] Lee S, Cho S. Recent advances in image deblurring[C]. SIGGRAPH Asia 2013 Courses, 2013: 108.

[16] Wipf D, Zhang H C. Revisiting Bayesian blind deconvolution[J]. Journal of Machine Learning Research, 2013, 15(1): 3595-3634.

[17] Xu L, Zheng S C, Jia J Y. Unnatural L_0 sparse representation for natural image deblurring[C]. IEEE Conference on

Computer Vision and Pattern Recognition(CVPR), 2013: 1107-1114.

[18] Xu L, Jia J Y. Two-phase kernel estimation for robust motion deblurring[C]. European Conference on Computer Vision (ECCV), 2010: 157-170.

[19] Cho S, Lee S. Fast motion deblurring[J]. ACM Transactions on Graphics(TOG), 2009, 28(5): 145.

[20] Jia J Y. Single image motion deblurring using transparency[C]. IEEE Conference on Computer Vision and Pattern Recognition(CVPR), 2007: 1-8.

[21] Dai S Y, Wu Y. Motion from blur[C]. IEEE Conference on Computer Vision and Pattern Recognition(CVPR), 2008: 1-8.

[22] Pan J S, Hu Z, Su Z X, et al. Deblurring text images via L_0-regularized intensity and gradient prior[C]. IEEE Conference on Computer Vision and Pattern Recognition(CVPR), 2014: 2901-2908.

[23] Pan J S, Hu Z, Su Z X, et al. L_0-regularized intensity and gradient prior for deblurring text images and beyond[J]. IEEE Transactions on Pattern Analysis and Machine Intelligence(PAMI), 2017, 39(2): 342-355.

[24] Chan T F, Wong C K. Total variation blind deconvolution[J]. IEEE Transactions on Image Processing, 1998, 7(3): 370-375.

[25] Perrone D, Favaro P. Total variation blind deconvolution: The devil is in the details[C]. IEEE Conference on Computer Vision and Pattern Recognition(CVPR), 2014: 2909-2916.

[26] Shan Q, Jia J Y, Agarwala A. High-quality motion deblurring from a single image[J]. ACM Transactions on Graphics (TOG), 2008, 27(3): 73.

[27] Zhang H C, Yang J C, Zhang Y N, et al. Sparse representation based blind image deblurring[C]. IEEE International Conference on Multimedia and Exposition, 2011: 1-6.

[28] Cai J F, Ji H, Liu C Q, et al. Blind motion deblurring from a single image using sparse approximation[C]. IEEE Conference on Computer Vision and Pattern Recognition(CVPR), 2013: 104-111.

[29] Levin A, Weiss Y, Durand F, et al. Understanding and evaluating blind deconvolution algorithms[C]. IEEE Conference on Computer Vision and Pattern Recognition(CVPR), 2009: 1964-1971.

[30] Krishnan D, Tay T, Fergus R. Blind deconvolution using a normalized sparsity measure[C]. IEEE Conference on Computer Vision and Pattern Recognition(CVPR), 2011: 233-240.

[31] Bahat Y, Irani M. Blind deblurring using internal patch recurrence[C]. IEEE International Conference on Computational Photography(ICCP), 2016: 1-9.

[32] Sun Y J, Schaefer S, Wang W P. Denoising point sets via L_0 minimization[J]. Computer Aided Geometric Design, 2015(35): 2-15.

[33] Ren W Q, Zhang J W, Ma L, et al. Deep non-blind deconvolution via generalized low-rank approximation[C]. Advances in Neural Information Processing Systems(NeurIPS 2018), 2018: 295-305.

[34] Ren W Q, Cao X C, Pan J S, et al. Image deblurring via enhanced low rank prior[J]. IEEE Transactions on Image Processing, 2016, 25(7): 3426-3437.

[35] Dong W S, Shi G M, Li X. Image deblurring with low-rank approximation structured sparse representation[C]. Asia

Pacific Signal and Information Processing Association Annual Summit and Conference, 2012: 1-5.

[36] Levin A, Lischinski D, Weiss Y. A closed-form solution to natural image matting[J]. IEEE Transactions on Pattern Analysis and Machine Intelligence(PAMI), 2008, 30(2): 228-242.

[37] Pan J S, Ren W Q, Hu Z, et al. Learning to deblur images with exemplars[J]. IEEE Transactions on Pattern Analysis and Machine Intelligence(PAMI), 2018, 41(6): 1412-1425.

[38] Delbracio M, Sapiro G. Burst deblurring: Removing camera shake through fourier burst accumulation[C]. IEEE Conference on Computer Vision and Pattern Recognition(CVPR), 2015: 2385-2393.

[39] Pan J S, Sun D Q, Pfister H, et al. Deblurring images via dark channel prior[J]. IEEE Transactions on Pattern Analysis and Machine Intelligence(PAMI), 2018, 40(10): 2315-2328.

[40] Li L, Pan J S, Lai W S, et al. Learning a discriminative prior for blind image deblurring[C]. IEEE Conference on Computer Vision and Pattern Recognition(CVPR), 2018: 6616-6625.

[41] Donoho D L. Compressed sensing[J]. IEEE Transactions on Information Theory, 2006, 52(4): 1289 - 1306.

[42] Eldar Y, Kutyniok G. Compressed sensing: Theory and applications[M]. New York: Cambridge University Press, 2012: 2-15.

[43] Aharon M, Elad M, Bruckstein A. K-SVD: An algorithm for designing overcomplete dictionaries for sparse representation[J]. IEEE Transactions on Signal Processing, 2006, 54(11): 4311-4322.

[44] Murray J F, Kreutz-Delgado K. Learning sparse overcomplete codes for images[J]. Journal of VLSI Signal Processing Systems for Signal Image & Video Technology, 2006, 45: 97-110.

[45] Candès E J, Eldar Y C, Needell D, et al. Compressed sensing with coherent and redundant dictionaries[J]. Applied and Computational Harmonic Analysis, 2011, 31(1): 59-73.

[46] Candès E J. Compressive sampling[J]. Marta Sanz Solé, 2006, 17(2): 1433-1452.

[47] Bajwa W U, Haupt J D, Raz G M, et al. Toeplitz-structured compressed sensing matrices[C]. IEEE/SP 14th Workshop on Statistical Signal Processing, 2007: 294-298.

[48] Candès E J, Romberg J, Tao T. Robust uncertainty principles: Exact signal reconstruction from highly incomplete frequency information[J]. IEEE Transactions on Information Theory, 2006, 52(2): 489-509.

[49] Donoho D L. For most large underdetermined systems of linear equations the minimal L_1-norm solution is also the sparsest solution[J]. Communications on Pure & Applied Mathematics, 2006, 59(6):797-829.

[50] Candès E J, Wakin M B, Boyd S P. Enhancing sparsity by reweighted L_1 minimization[J]. Journal of Fourier Analysis & Applications, 2008, 14(5-6): 877-905.

[51] Chen S S, Donoho D, Saunders D M A. Atomic decomposition by basis pursuit[J]. Siam Review, 2001, 43(1): 129-159.

[52] Jin Y Z, Rao B D. Performance limits of matching pursuit algorithms[C]. IEEE International Symposium on Information Theory, 2008: 2444-2448.

[53] Donoho D, Tsaig Y, Drori I, et al. Sparse solution of underdetermined systems of linear equations by stagewise orthogonal matching pursuit[J]. IEEE Transactions on Information Theory, 2012, 58(2): 1094-1121.

[54] Chartrand R. Exact reconstruction of sparse signals via nonconvex minimization[J]. IEEE Signal Processing Letters, 2007, 14(10): 707-710.

[55] Foucart S, Lai M J. Sparsest solutions of underdetermined linear systems via l_q-minimization for $0<q\leqslant1$[J]. Applied and Computational Harmonic Analysis, 2009, 26(3): 395-407.

[56] Osher S, Burger M, Goldfarb D, et al. An iterative regularization method for total variation-based image restoration[J]. Siam Journal on Multiscale Modeling & Simulation, 2005, 4(2): 460-489.

[57] Babacan S D, Molina R, Katsaggelos A K. Parameter estimation in TV image restoration using variational distribution approximation[J]. IEEE Transactions on Image Processing, 2008, 17(3): 326-339.

[58] Beck A, Teboulle M. Fast gradient-based algorithms for constrained total variation image denoising and deblurring problems[J]. IEEE Transactions on Image Processing, 2009, 18(11): 2419-2434.

[59] Zhu Z N, Cai G C, Wen Y W. Adaptive box-constrained total variation image restoration using iterative regularization parameter adjustment method[J]. International Journal of Pattern Recognition & Artificial Intelligence, 2015, 29(7): 1554003.

[60] Hu Z, Huang J B, Yang M H. Single image deblurring with adaptive dictionary learning[C]. IEEE International Conference on Image Processing(ICIP), 2010: 1169-1172.

[61] Dong W S, Zhang L, Shi G M, et al. Image deblurring and super-resolution by adaptive sparse domain selection and adaptive regularization[J]. IEEE Transactions on Image Processing, 2011, 20(7): 1838-1857.

[62] 李信一, 刘宁钟, 王林宁. 基于稀疏表示的单帧运动图像盲复原[J]. 计算机应用研究, 2013, 30(4): 258-261.

[63] 刘成云, 常发亮. 基于稀疏表示和 Weber 定律的运动图像盲复原[J]. 光学精密工程, 2015, 23(2): 600-608.

[64] Huang C, Ding X Q, Fang C, et al. Robust image restoration via adaptive low-rank approximation and joint kernel regression[J]. IEEE Transactions on Image Processing, 2014, 23(12): 5284-5297.

[65] 王忠美. 基于稀疏与低秩模型的光学遥感图像盲复原方法研究[D]. 成都: 电子科技大学, 2017.

[66] 查志远. 基于稀疏表示与低秩模型的图像复原算法研究[D]. 南京: 南京大学, 2018.

[67] Schuler C J, Burger H C, Harmeling S, et al. A machine learning approach for non-blind image deconvolution[C]. IEEE Conference on Computer Vision and Pattern Recognition(CVPR), 2013: 1067-1074.

[68] Jian S, Cao W F, Xu Z B, et al. Learning a convolutional neural network for non-uniform motion blur removal[C]. IEEE Conference on Computer Vision and Pattern Recognition(CVPR), 2015: 769-777.

[69] Nah S, Kim T H, Lee K M. Deep multi-scale convolutional neural network for dynamic scene deblurring[C]. IEEE Conference on Computer Vision and Pattern Recognition(CVPR), 2017: 257-265.

[70] Wieschollek P, Hirsch M, Lensch H P A, et al. End-to-end learning for image burst deblurring[C]. Asian Conference on Computer Vision, 2016: 35-51.

[71] Liu S F, Pan J S, Yang M H. Learning recursive filters for low-level vision via a hybrid neural network[C]. The 17th European Conference on Computer Vision, 2016: 560-576.

[72] Wieschollek P, Hirsch M, Scholkopf B, et al. Learning blind motion deblurring[C]. IEEE International Conference on Computer Vision(ICCV), 2017: 231-240.

[73] Nimisha T M, Singh A K, Rajagopalan A N. Blur-invariant deep learning for blind-deblurring[C]. IEEE International Conference on Computer Vision(ICCV), 2017: 4762-4770.

[74] Joshi A S, Dabouei A, Dawson J, et al. Fingerphoto deblurring using attention-guided multi-stage GAN[J]. IEEE Access, 2023(11): 82709-82727.

[75] Ben-Ezra M, Nayar S K. Motion deblurring using hybrid imaging[C]. IEEE Conference on Computer Vision and Pattern Recognition(CVPR), 2003: 657-664.

[76] Nayar S K, Ben-Ezra M. Motion-based motion deblurring[J]. IEEE Transactions on Pattern Analysis and Machine Intelligence(PAMI), 2004, 26(6): 689-698.

[77] Li F, Yu J Y, Chai J X. A hybrid camera for motion deblurring and depth map super-resolution[C]. IEEE Conference on Computer Vision and Pattern Recognition(CVPR), 2008: 1-8.

[78] Joshi N, Kang S B, Zitnick C L, et al. Image deblurring using inertial measurement sensors[J]. ACM Transactions on Graphics(TOG), 2010, 29(4): 30.

[79] Hu Z, Yuan L, Lin S, et al. Image deblurring using smartphone inertial sensors[C]. IEEE Conference on Computer Vision and Pattern Recognition(CVPR), 2016: 1855-1864.

[80] Zhang Y, Hirakawa K. Combining inertial measurements with blind image deblurring using distance transform[J]. IEEE Transactions on Computational Imaging, 2016, 2(3): 281-293.

[81] Mustaniemi J, Kannala J, Sarkka S, et al. Fast motion deblurring for feature detection and matching using inertial measurements[C]. International Conference on Pattern Recognition, 2018: 3068-3073.

[82] Võ D T, Lertrattanapanich S, Kim Y T. Automatic video deshearing for skew sequences captured by rolling shutter cameras[C]. IEEE International Conference on Image Processing(ICIP), 2011: 625-628.

[83] Sun Y F, Liu G. Rolling shutter distortion removal based on curve interpolation[J]. IEEE Transactions on Consumer Electronics, 2012, 58(3): 1045-1050.

[84] 万磊. 卷帘式快门 CMOS 探测器航空应用关键技术研究[D]. 长春: 中国科学院长春光学精密机械与物理研究所, 2016.

[85] Chun J B, Jung H J, Kyung C M. Suppressing rolling-shutter distortion of CMOS image sensors by motion vector detection[J]. IEEE Transactions on Consumer Electronics, 2008, 54(4): 1479-1487.

[86] Lee Y G, Kai G. Fast-rolling shutter compensation based on piecewise quadratic approximation of a camera trajectory[J]. Optical Engineering, 2014, 53(9): 093101.

[87] Bradley D, Atcheson B, Ihrke I, et al. Synchronization and rolling shutter compensation for consumer video camera arrays[C]. IEEE Computer Society Conference on Computer Vision and Pattern Recognition Workshops(CVPR Workshops), 2009: 1-8.

[88] Hedborg J, Ringaby E, Forssén P-E, et al. Structure and motion estimation from rolling shutter video[C]. IEEE International Conference on Computer Vision Workshops(ICCV Workshops), 2011: 17-23.

[89] Su S C, Heidrich W. Rolling shutter motion deblurring[C]. IEEE Conference on Computer Vision and Pattern Recognition(CVPR), 2015: 1529-1537.

[90] Albl C, Kukelova Z, Pajdla T. R6P-rolling shutter absolute pose problem[C]. IEEE Conference on Computer Vision and Pattern Recognition(CVPR), 2015: 2292-2300.

[91] Albl C, Kukelova Z, Larsson V, et al. Rolling shutter camera absolute pose[J]. IEEE Transactions on Pattern Analysis and Machine Intelligence(PAMI), 2019, 42(6): 1439-1452.

[92] Agrawal A, Raskar R. Resolving objects at higher resolution from a single motion-blurred image[C]. IEEE Conference on Computer Vision and Pattern Recognition(CVPR), 2007: 1-8.

[93] Agrawal A, Raskar R. Optimal single image capture for motion deblurring[C]. IEEE Conference on Computer Vision and Pattern Recognition(CVPR), 2009: 2560-2567.

[94] Agrawal A, Xu Y. Coded exposure deblurring: Optimized codes for PSF estimation and invertibility[C]. IEEE Conference on Computer Vision and Pattern Recognition(CVPR), 2009: 2066-2073.

[95] Jeon H G, Lee J Y, Han Y, et al. Fluttering pattern generation using modified Legendre sequence for coded exposure imaging[C]. IEEE International Conference on Computer Vision(ICCV), 2013: 1001-1008.

[96] Jeon H G, Lee J Y, Han Y, et al. Complementary sets of shutter sequences for motion deblurring[C]. IEEE International Conference on Computer Vision(ICCV), 2016: 3541-3549.

[97] Jeon H G, Lee J Y, Han Y, et al. Generating fluttering patterns with low autocorrelation for coded exposure imaging[J]. International Journal of Computer Vision, 2017, 123(2): 269-286.

[98] Jeon H G, Lee J Y, Han Y, et al. Multi-image deblurring using complementary sets of fluttering patterns[J]. IEEE Transactions on Image Processing, 2017, 26(5): 2311-2326.

[99] Tendero Y. The flutter shutter camera simulator[J]. Image Processing on Line, 2012, 2: 225-242.

[100] Tendero Y, Osher S. On a mathematical theory of coded exposure[J]. Research in the Mathematical Sciences, 2016, 3(1): 4-42.

[101] 徐树奎. 基于计算摄影的运动模糊图像清晰化技术研究[D]. 长沙: 国防科学技术大学, 2011.

[102] 黄魁华. 信息集成中编码曝光技术优化研究[D]. 长沙: 国防科学技术大学, 2014.

[103] 唐超影, 陈跃庭, 李奇, 等. 基于视频重建的颤振探测与图像复原方法[J]. 光学学报, 2015, 35(4): 114-122.

[104] 何丽蓉. 基于编码曝光和颤振探测的遥感图像快速复原方法研究[D]. 杭州: 浙江大学, 2016.

[105] 崔光茫, 于快快, 叶晓杰, 等. 基于 Memetic 算法的编码曝光最优码字序列搜索方法[J]. 光学学报, 2019, 39(3): 166-175.

[106] 叶晓杰, 崔光茫, 于快快, 等. 结合编码曝光和运动先验信息的局部模糊图像复原[J]. 浙江大学学报(工学版), 2020, 54(2): 320-330,339.

[107] 郭林鑫. CCD 编码曝光相机的设计[D]. 大连: 大连理工大学, 2013.

[108] 何富斌. 编码曝光图像的运动去模糊方法研究[D]. 大连: 大连理工大学, 2016.

[109] Li X, Sun Y. Joint structural similarity and entropy estimation for coded-exposure image restoration[J]. Multimedia Tools & Applications, 2018, 77(22): 29811-29828.

[110] Tai Y W, Kong N, Lin S, et al. Coded exposure imaging for projective motion deblurring[C]. IEEE Conference on Computer Vision and Pattern Recognition(CVPR), 2010: 2408-2415.

[111] Holloway J, Sankaranarayanan A C, Veeraraghavan A, et al. Flutter shutter video camera for compressive sensing of videos[C]. IEEE International Conference on Computational Photography(ICCP), 2013: 1-9.

[112] McCloskey S. Velocity-dependent shutter sequences for motion deblurring[M]. Berlin: Springer, 2010: 309-322.

[113] McCloskey S, Au W, Jelinek J. Iris capture from moving subjects using a fluttering shutter[C]. Fourth IEEE International Conference on Biometrics: Theory Applications and Systems, 2010: 1-6.

[114] Ding Y Y, McCloskey S, Yu J L. Analysis of motion blur with a flutter shutter camera for non-linear Motion[M]. Berlin: Springer, 2010: 15-30.

[115] McCloskey S, Ding Y Y, Yu J L. Design and estimation of coded exposure point spread functions[J]. IEEE Transactions on Pattern Analysis and Machine Intelligence(PAMI), 2012, 34(10): 2071-2077.

[116] Huang K H, Liang H Z, Ren W Y, et al. Motion blur identification using image statistics for coded exposure photography[M]. New York: Springer, 2013: 461-468.

[117] Huang K H, Zhang J, Hou J X. High-speed video capture by a single flutter shutter camera using three-dimensional hyperbolic wavelets[J]. Optical Review, 2014, 21(5): 509-515.

[118] McCloskey S, Venkatesha S, Muldoon K, et al. A low-noise fluttering shutter camera handling accelerated motion[C]. IEEE Winter Conference on Applications of Computer Vision, 2015: 333-340.

[119] Cui G M, Ye X J, Zhao J F, et al. Multi-frame motion deblurring using coded exposure imaging with complementary fluttering sequences[J]. Optics & Laser Technology, 2020, 126: 106119.

[120] 叶晓杰, 崔光茫, 赵巨峰, 等. 基于闪动快门的互补序列对的运动模糊图像复原[J]. 光子学报, 2020, 49(8): 161-175.

[121] 吴琼, 孙韶杰, 李国辉. 快门编码模型重影模糊图像盲复原方法[J]. 电子科技大学学报, 2011, 40(2): 283-287.

[122] Tsutake C, Yoshida T. Reduction of poisson noise in coded exposure photography[C]. IEEE International Conference on Image Processing(ICIP), 2018: 3938-3942.

[123] Agrawal A, Gupta M, Veeraraghavan A, et al. Optimal coded sampling for temporal super-resolution[C]. IEEE Conference on Computer Vision and Pattern Recognition(CVPR), 2010: 599-606.

[124] Tai Y W, Tan P, Brown M S. Richardson-lucy deblurring for scenes under a projective motion path[J]. IEEE Transactions on Pattern Analysis and Machine Intelligence(PAMI), 2011, 33(8): 1603-1618.

[125] 徐树奎, 张军, 涂丹, 等. 基于混合编码曝光的匀加速运动模糊图像复原方法[J]. 国防科技大学学报, 2011, 33(6): 78-83, 94.

[126] Kwan C, Gribben D, Chou B, et al. Real-time and deep learning based vehicle detection and classification using pixel-wise code exposure measurements[J]. Electronics, 2020, 9(6): 1014.

[127] Cui G M, Ye X J, Zhao J F, et al. An effective coded exposure photography framework using optimal fluttering pattern generation[J]. Optics and Lasers in Engineering, 2021, 139(2): 106489.

[128] Shedligeri P, Anupama S, Mitra K. CodedRecon: Video reconstruction for coded exposure imaging techniques[J]. Software Impacts, 2021(1): 100064.

[129] 张明宇. TDI CCD 相机图像采集与处理系统研究[D]. 长春: 中国科学院长春光学精密机械与物理研究所,

2011.

[130] 冉晓强, 汶德胜, 郑培云, 等. 基于 CPLD 的空间面阵 CCD 相机驱动时序发生器的设计与硬件实现[J]. 光子学报, 2007, 36(2): 364-367.

[131] 张宇, 康一丁, 任建岳. 行间转移 CCD 的时间延迟积分调光方法[J]. 光电子·激光, 2010, 21(12): 1780-1784.

[132] 李亚鹏, 何斌, 付天骄. 行间转移型面阵 CCD 成像系统设计[J]. 红外与激光工程, 2014, 43(8): 2602-2606.

[133] Agrawal A, Xu Y, Raskar R. Invertible motion blur in video[J]. ACM Transactions on Graphics(TOG), 2009, 28(3): 95.

[134] Reddy D, Veeraraghavan A, Chellappa R. P2C2: Programmable pixel compressive camera for high speed imaging[C]. IEEE Conference on Computer Vision and Pattern Recognition(CVPR), 2011: 329-336.

[135] Hitomi Y, Gu J W, Gupta M, et al. Video from a single coded exposure photograph using a learned over-complete dictionary[C]. IEEE International Conference on Computer Vision(ICCV), 2011: 287-294.

[136] Liu D Y, Gu J W, Hitomi Y, et al. Efficient space-time sampling with pixel-wise coded exposure for high-speed imaging[J]. IEEE Transactions on Pattern Analysis and Machine Intelligence(PAMI), 2014, 36(2): 248-260.

[137] 黄魁华, 张军, 徐树奎, 等. 考虑 CCD 噪声条件下的编码曝光最优码字搜索方法[J]. 国防科技大学学报, 2012, 34(6): 72-78.

[138] Veeraraghavan A, Raskar R, Agrawal A, et al. Dappled photography: Mask enhanced cameras for heterodyned light fields and coded aperture refocusing[J]. ACM Transactions on Graphics(TOG) 2007, 26(3): 69-80.

[139] Zhou C J, Lin S, Nayar S K. Coded aperture pairs for depth from defocus and defocus deblurring[J]. International Journal of Computer Vision, 2011, 93(1): 53-72.

[140] Horita Y, Matugano Y, Morinaga H, et al. Coded aperture for projector and camera for robust 3D measurement[C]. International Conference on Pattern Recognition, 2012: 1487-1491.

[141] 张昊. 基于 DMD 的编码孔径成像光谱仪关键技术研究[D]. 北京: 中国科学院大学, 2016.

[142] Nagahara H, Zhou C J, Watanabe T, et al. Programmable aperture camera using LCoS[M]. Berlin: Springer, 2010: 337-350.

[143] Zhang J, Suo Y M, Zhao C, et al. CMOS implementation of pixel-wise coded exposure imaging for insect-based sensor node[C]. Biomedical Circuits and Systems Conference, 2015: 1-4.

[144] Zhang J, Xiong T, Tran T, et al. Compact all-CMOS spatiotemporal compressive sensing video camera with pixel-wise coded exposure[J]. Optics Express, 2016, 24(8): 9013-9024.

[145] Feng W, Zhang F M, Qu X H, et al. Per-pixel coded exposure for high-speed and high-resolution imaging using a digital micromirror device camera[J]. Sensors, 2016, 16(3): 331-346.

[146] Feng W, Zhang F M, Wang W J, et al. Digital micromirror device camera with per-pixel coded exposure for high dynamic range imaging[J]. Applied Optics, 2017, 56(13): 3831-3840.

[147] Gupta M, Agrawal A, Veeraraghavan A. Flexible voxels for motion-aware videography[C]. European Conference on Computer Vision(ECCV), 2010: 100-114.

[148] Sankaranarayanan A C, Studer C, Baraniuk R G. CS-MUVI: Video compressive sensing for spatial-multiplexing cameras[C]. IEEE International Conference on Computational Photography(ICCP), 2012: 1-10.

[149] Portz T, Zhang L, Jiang H R. Random coded sampling for high-speed HDR video[C]. IEEE International Conference on Computational Photography(ICCP), 2013: 1-8.

[150] Bi S, Zeng X, Tang X, et al. Compressive video recovery using block match multi-frame motion estimation based on single pixel cameras[J]. Sensors, 2016, 16(3): 318-335.

[151] Sarhangnejad N, Katic N, Xia F Z, et al. Dual-tap computational photography image sensor with per-pixel pipelined digital memory for intra-frame coded multi-exposure[J]. IEEE Journal of Solid State Circuits, 2019, 54(11): 3191-3202.

[152] 刘铭鑫. 基于压缩感知的编码孔径光谱成像技术研究[D]. 长春: 中国科学院长春光学精密机械与物理研究所, 2019.

[153] 王加朋, 王淑荣, 宋克非, 等. 像增强型CCD的噪声抑制和性能评价[J]. 光电子·激光, 2008(8): 1032-1034, 1038.

[154] Healey G, Kondepudy R. CCD camera calibration and noise estimation[C]. IEEE Conference on Computer Vision and Pattern Recognition(CVPR), 1992: 90-95.

[155] 潘金山. 运动模糊估计的理论、算法及其应用[D]. 大连: 大连理工大学, 2017.

[156] 卢振波. 基于正则化优化的图像视频复原方法研究[D]. 合肥: 中国科学技术大学, 2017.

[157] 田媛. 灰度图像无参考质量评价方法研究[D]. 长春: 中国科学院长春光学精密机械与物理研究所, 2010.

[158] 卢庆博. 基于稀疏特性的图像恢复和质量评价研究[D]. 合肥: 中国科学技术大学, 2016.

[159] 付强. 水下图像低层视觉问题研究[D]. 哈尔滨: 哈尔滨工程大学, 2015.

[160] Wang Z, Bovik A C, Sheikh H R, et al. Image quality assessment: From error visibility to structural similarity[J]. IEEE Transactions on Image Processing, 2004, 13(4): 600-612.

[161] Wang Z, Simoncelli E P, Bovik A C. Multiscale structural similarity for image quality assessment[C]. The Thirty-Seventh Asilomar Conference on Signals, Systems and Computers, 2003: 1398-1402.

[162] 李祚林, 李晓辉, 马灵玲, 等. 面向无参考图像的清晰度评价方法研究[J]. 遥感技术与应用, 2011, 26(2): 239-246.

[163] 桑庆兵. 半参考和无参考图像质量评价新方法研究[D]. 无锡: 江南大学, 2013.

[164] Lee S H, Kim J M, Choi Y K. Similarity measure construction using fuzzy entropy and distance measure[C]. International Conference on Intelligent Computing, 2006: 952-958.

[165] Michaelides E E. Entropy, order and disorder[J]. Open Thermodynamics Journal, 2008, 2(1): 7-11.

[166] 李郁峰, 陈念年, 张佳成. 一种快速高灵敏度聚焦评价函数[J]. 计算机应用研究, 2010, 27(4): 1534-1536.

[167] 陈亮, 李卫军, 谌琛, 等. 数字图像清晰度评价函数的通用评价能力研究[J]. 计算机工程与应用, 2013(14): 152-155, 235.

[168] Gallardo J E, Cotta C, Fernández A J. Finding low autocorrelation binary sequences with memetic algorithms[J]. Applied Soft Computing, 2009, 9(4): 1252-1262.

[169] Golay M J E. A class of finite binary sequences with alternate auto-correlation values equal to zero(Corresp.)[J]. IEEE Transactions on Information Theory, 2003, 18(3): 449-450.

[170] Golay M J E. The merit factor of Legendre sequences(Corresp.)[J]. IEEE Transactions on Information Theory, 2011, 29(6): 934-936.

[171] Ding C S, Tang X H. The cross-correlation of binary sequences with optimal autocorrelation[J]. IEEE Transactions on Information Theory, 2010, 56(4): 1694-1701.

[172] Jedwab J, Katz D J, Schmidt K U. Advances in the merit factor problem for binary sequences[J]. Journal of Combinatorial Theory, Series A, 2013, 120(4): 882-906.

[173] Jensen J M, Jensen H E, Hoholdt T. The merit factor of binary sequences related to difference sets[J]. IEEE Transactions on Information Theory, 1991, 37(3): 617-626.

[174] Hoholdt T, Jensen H E. Determination of the merit factor of Legendre sequences[J]. IEEE Transactions on Information Theory, 1988, 34(1): 161-164.

[175] Kristiansen R A, Parker M G. Binary sequences with merit factor 76.3[J]. IEEE Transactions on Information Theory, 2005, 50(12): 3385-3389.

[176] Baden J M. Efficient optimization of the merit factor of long binary sequences[J]. IEEE Transactions on Information Theory, 2011, 57(12): 8084-8094.

[177] Mertens S. Exhaustive search for low autocorrelation binary sequences[J]. Journal of Physics A General Physics, 1996, 29(18): 473-481.

[178] Golay M. Sieves for low autocorrelation binary sequences[J]. IEEE Transactions on Information Theory, 2003, 23(1): 43-51.

[179] Spasojevic P, Georghiades C N. Complementary sequences for ISI channel estimation[J]. IEEE Transactions on Information Theory, 2001, 47(3): 1145-1152.

[180] Ukil A. Low autocorrelation binary sequences: Number theory-based analysis for minimum energy level, barker codes[J]. Digital Signal Process, 2010, 20(2): 483-495.

[181] Zhu X, Šroubek F, Milanfar P. Deconvolving PSFs for a better motion deblurring using multiple images[C]. European Conference on Computer Vision(ECCV), 2012: 636-647.

[182] Zhang H C, Wipf D, Zhang Y N. Multi-image blind deblurring using a coupled adaptive sparse prior[C]. IEEE Conference on Computer Vision and Pattern Recognition(CVPR), 2013: 1051-1058.

[183] Harshavardhan S, Gupta S, Venkatesh K S. Flutter shutter based motion deblurring in complex scenes[C]. IEEE India Conference, 2013: 1-6.

[184] Pal N R, Pal S K. Object-background segmentation using new definitions of entropy[J]. Computers and Digital Techniques, IEE Proceedings, Part E, 1989, 136(4): 284-295.

[185] Cover T M, Thomas J A. Elements of information theory[M]. 2nd. New York: John Wiley & Sons, Inc., 2006: 13-15.

[186] 吴启晖, 王金龙. 基于谱熵的语音检测[J]. 电子与信息学报, 2001(10): 989-993.

[187] Liu L X, Liu B, Huang H, et al. No-reference image quality assessment based on spatial and spectral entropies[J]. Signal Processing Image Communication, 2014, 29(8): 856-863.

[188] Ali M A A, Deriche M A. Implementation and evaluate the no-reference image quality assessment based on spatial

and spectral entropies on the different image quality databases[C]. 3rd International Conference on Information and Communication Technology(ICoICT), 2015: 188-194.

[189] Silva E A, Panetta K, Agaian S S. Quantifying image similarity using measure of enhancement by entropy[C]. Society of Photo-Optical Instrumentation Engineers(SPIE) Conference Series, 2007: 65790U.

[190] 王灿, 杨帆, 李靖. 基于 L_1/L_2 的高低阶全变差运动模糊图像盲复原方法[J]. 激光与光电子学进展, 2018, 55(4): 197-205.

[191] Yan Y Y, Ren W Q, Guo Y F, et al. Image deblurring via extreme channels prior[C]. IEEE Conference on Computer Vision and Pattern Recognition(CVPR), 2017: 6978-6986.

[192] Pan J S, Sun D Q, Pfister H, et al. Blind image deblurring using dark channel prior[C]. IEEE Conference on Computer Vision and Pattern Recognition(CVPR), 2016: 1628-1636.

[193] Tomar J, Bandhekar S. Integrated approach for solving haziness in an image using dark and bright channel prior[J]. International Journal of Science and Research, 2016, 5(5): 143-147.

[194] Cai J R, Zuo W M, Zhang L. Dark and bright channel prior embedded network for dynamic scene deblurring[J]. IEEE Transactions on Image Processing, 2020, 29: 6885-6889.